可以感知温
可以丰富色

# 万物之源——太阳

WANWUZHIYUAN TAIYANG

于怡 编著

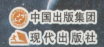

中国出版集团

现代出版社

目 录

目 录

# 太阳的诞生

阳光，穿透乌云，放射着恩赐的热量，千万年来，人们的渴望在阳光中不倦地升腾、燃烧，于是，生命才在阳光下得以不屈地生息繁衍；苍穹，日出东方，闪耀着炫目的光芒，千万年来，一次次打破晨曦将大地照亮，于是，大地再一次地苏醒了，生灵再一次地复生了，在大地与心灵之间，再一次地燃起那璀璨的希望之光。在海边，在山巅，喷薄而出的太阳总是给人带来无数的惊喜；在农田，在工厂，沉静圆融的夕阳总是提醒着劳动的人们，辛劳一天的收获。我听见，苍鹰在说，

**1.收缩中的气体尘埃云**
大约50亿年前，一团浓密的发光气体与尘埃（即一个星云）开始结块和收缩。这星云像做馅饼的面团在半空中，因旋转而变成扁圆盘，中间突起。

**2.重力拉引**
星云继续旋转，重力将星云中的物质拉向中心。向核心掉落的气体原子越来越多，增加了中心的密度和温度。于是，灼热的内核开始发光。

6

现在的太阳——年龄已有46亿岁
亮度: 比银河系中一般恒星亮2倍
直径: 1391960千米
核心温度: 15 000 000K

5.现在的太阳
　　太阳现在已有46亿年之久，核心中的氢有一半已经烧掉，但是它的核将会继续燃烧约50亿年。

1亿岁时
亮度: 现在太阳的2/3
直径: 1300000千米
核心温度: 15 000 000K

4.恒星诞生
　　经过1000万年的坍缩后，新生的太阳稳定下来，体积比现在略大。核心温度高达开氏1000万度，核聚变反应开始。

100万岁时
亮度: 现在太阳的2倍
直径: 6500000千米
核心温度: 4 000 000K

3.将成恒星
　　发光的核心继续收缩，终于崩坍，体积坍缩至现在太阳体积的50倍。原子继续掉进核心中，核心中强大的重力开始将它们结合起来。

10万岁时
亮度: 现在太阳的10倍
直径: 11000000千米
核心温度: 800 000K

1万岁时
亮度: 现在太阳的90倍
直径: 29000000千米
核心温度: 75 000K

1000岁时
亮度: 现在太阳的500倍
直径: 72000000千米
核心温度: 15 000K

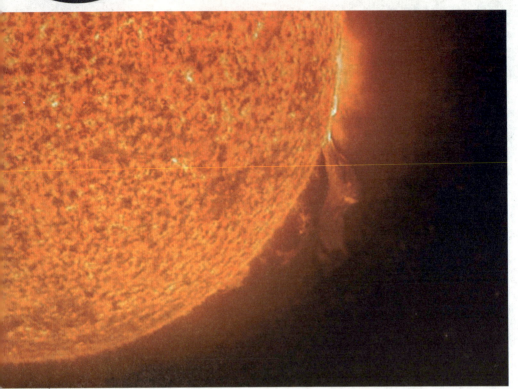

我愿伴随着阳光飞翔；小鸟在说，我多想飞向太阳；就连那山间丛林中挣扎的小草，也终日伴着阳光默默地起舞与低吟；天空晴朗而高远，大地浓荫而碧绿。太阳距离我们如此遥远，太阳又与我们的生活如此贴合，难道你不想和我们一起去探索太阳的奥秘吗？

在群星之间，并不是空无一物，而是布满了物质，是气体，尘埃或两者的混合物。其中一种低温，不发光的星际尘云，是形成恒星的基本材料。

这些黑暗的星际尘云温度很低，约为-260至-160℃之间。天文学家发现这类物质如果没有什么外力的话，这些星际尘云就如天上的云朵，在太空中天长地久地飘着。但是如果有些事情发生，例如邻近有颗超新星爆炸，产生的震波通过星际尘云时，会把它压缩，而使星际尘云的密度增加到可以靠本身的重力持续收缩。这种靠本身重力使体积越缩越小的过程，称为"重力溃缩"。也有一些其它的外力，如银河间的磁力或尘云间的碰撞,也可能使星际尘云产生重力溃缩。

　　大约在五十亿年前,一个称为"原始太阳星云"的星际尘云,开始重力溃缩。体积越缩越小,核心的温度也越来越高,密度也越来越大。当体积缩小百万倍后,成为一颗原始恒星,核心区域温度也升高而趋近于摄氏一千万度左右。当这个原始恒星或胎星的核心区域温度高达一千万度时,触发了氢融合反应时,也就是氢弹爆炸的反应。此时,一颗叫太阳的恒星便诞生了。

　　经过一连串的核反应,会消耗掉四个氢核,形成一个氦核,并损失一点点的质量。依据爱因斯坦质量和能量互换的方程式E=MC²,损失的质量转化为光和热辐射出去,经过一路的碰撞,吸收再发射的过程,最后光和热传到太阳表面,再辐射到太空中一去不返,这也就是我们所看到的太阳辐射。当太阳中心区域氢融合反应产生的能量传到表面时,大部分以可见光的形式辐射到太空。

　　在五十亿年前刚形成的太阳并不稳

Eole's blog
http://www.eole.cn
gives me the inspiration of

$E = mc^2$

Thank you, Eole!

定, 体积缩胀不定。收缩的重力遭到热膨胀压力的阻挡, 有时热膨胀力扬头, 超过了重力, 恒星大气因此膨胀。但是一膨胀, 温度就跟着下降。膨胀过头, 导致温度过低, 使热膨胀压力挡不住重力, 则恒星大气开始收缩。同样的, 一收缩, 温度就跟着上升, 收缩过头, 导致温度过高, 又使热膨胀压力超过重力, 恒星大气又开始膨胀。

这种膨胀、收缩的过程反复发生, 加上周围还笼罩在云气中, 因此亮度变化很不规则。但是胀缩的程度慢慢缩小, 最后热膨胀力和收缩力达到平衡, 进入稳定期。此时, 太阳是一颗黄色的恒星, 差不多就像我们现在看到的一样。

太阳进入稳定期后, 相当稳定的发出光和热, 可以持续一百亿年之久。这期间占太阳一生中的90%, 天文学家特称其为"主序星"时期。太阳成为一颗黄色主序星, 至今已有五十亿年, 再过五十亿年, 太阳度过一生的黄金岁月后, 将进入晚年。

有足够长的稳定期, 对行星上的生命发生非常重要。以地球的经验来说, 地球太约和太阳同时形成, 将近十亿年后才出现生命, 经过四十多亿年后, 才发展出高等智能的生物。因此, 天文学家要找外星生命, 只对生存期超过四十亿的恒星有兴趣。

## 太阳的运行轨道 ＞

太阳位于银道面之北的猎户座旋臂上，距离银河系中心约30000光年，在银道面以北约26光年，它一方面绕着银心以每秒250公里的速度旋转，周期大概是2.5亿年，另一方面又相对于周围恒星以每秒19.7公里的速度朝着织女星附近方向运动。太阳也在自转，其周期在日面赤道带约25天；两极区约为35天。

这张太阳8字轨迹合成照片显示了2003年3月至2004年3月间出现于西班牙赫罗纳上空的太阳轨迹。拍摄者胡安·卡洛斯·卡萨多(Juan Carlos Casado)每隔7天都在上午9点15分拍摄太阳盘面，在捕捉到了53张照片后，将其添加至十字架海角(Cap de Creus)国家公园的背景照片上，这座国家公园位于伊比利亚半岛最东端。

11

## 太阳的结构 >

在茫茫宇宙中，太阳只是一颗非常普通的恒星，在广袤浩瀚的繁星世界里，太阳的亮度、大小和物质密度都处于中等水平。只是因为它离地球较近，所以看上去是天空中最大最亮的天体。其它恒星离我们都非常遥远，即使是最近的恒星，也比太阳远27万倍，看上去只是一个闪烁的光点。

组成太阳的物质大多是些普通的气体，其中氢约占71.3%、氦约占27%，其它元素占2%。太阳从中心向外可分为核反应区、辐射区和对流区、太阳大气。太阳的大气层，像地球的大气层一样，可按不同的高度和不同的性质分成各个圈层，即从内向外分为光球、色球和日冕三层。我们平常看到的太阳表面，是太阳大气的最底层，温度约是6000开。它是不透

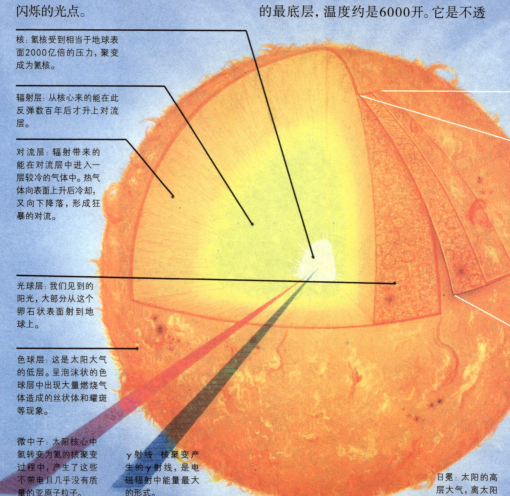

核：氢核受到相当于地球表面2000亿倍的压力，聚变成为氦核。

辐射层：从核心来的能在此反弹数百年后才升上对流层。

对流层：辐射带来的能在对流层中进入一层较冷的气体中。热气体向表面上升后冷却，又向下降落，形成狂暴的对流。

光球层：我们见到的阳光，大部分从这个卵石状表面射到地球上。

色球层：这是太阳大气的低层。呈泡沫状的色球层中出现大量燃烧气体造成的丝状体和耀斑等现象。

微中子：太阳核心中氢转变为氦的核聚变过程中，产生了这些不带电且几乎没有质量的亚原子粒子。

γ射线：核聚变产生的γ射线，是电磁辐射中能量最大的形式。

日冕：太阳的高层大气，离太阳越远越暗淡。

明的，因此我们不能直接看见太阳内部的结构。但是，天文学家根据物理理论和对太阳表面各种现象的研究，建立了太阳内部结构和物理状态的的模型。这一模型也已经被对于其他恒星的研究所证实，至少在大的方面，是可信的。近日，美国宇航局在2006年发射的两颗太阳探测卫星STEREO运动到了太阳两侧相反的位置上，首次从前后两面拍摄下了完整的太阳立体图。STEREO团队成员表示，这是太阳物理学的重要时刻，STEREO第一次确认了太阳是一个球形。

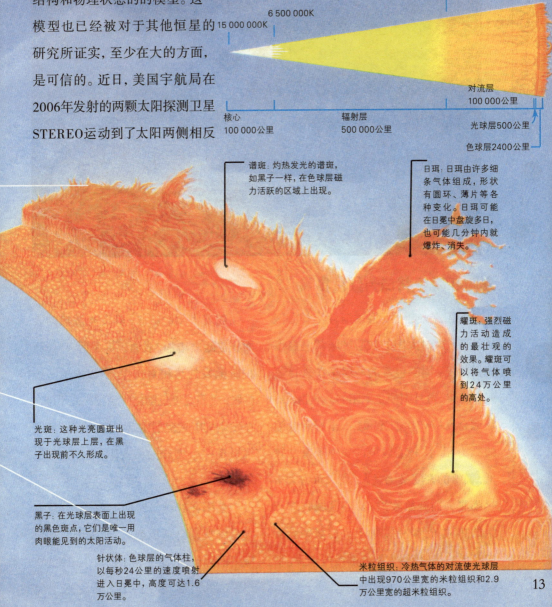

15 000 000K　　6 500 000K　　2 000 000K　　6000K

核心
100 000公里

辐射层
500 000公里

对流层
100 000公里

光球层500公里

色球层2400公里

谱斑：灼热发光的谱斑，如黑子一样，在色球层磁力活跃的区域上出现。

日珥：日珥由许多细条气体组成，形状有圆环、薄片等各种变化。日珥可能在日冕中盘旋多日，也可能几分钟内就爆炸、消失。

耀斑：强烈磁力活动造成的最壮观的效果。耀斑可以将气体喷到24万公里的高处。

光斑：这种光亮圆斑出现于光球层上层，在黑子出现前不久形成。

黑子：在光球层表面上出现的黑色斑点，它们是唯一用肉眼能见到的太阳活动。

针状体：色球层的气体柱，以每秒24公里的速度喷射进入日冕中，高度可达1.6万公里。

米粒组织：冷热气体的对流使光球层中出现970公里宽的米粒组织和2.9万公里宽的超米粒组织。

13

# 万物之源——太阳

红巨星

### 太阳在晚年将成为红巨星 ＞

太阳在晚年时，将逐渐耗尽核心区域的氢，这时太阳的核心区域都是温度较低的氦，周围包着的一层正在进行氢融合反应，再外围便是太阳的一般物质。氢融合反应产生的光和热，正好和收缩的重力相同。核心区域的氦由于温度较低，而氦的密度又比氢大，所以重力大于热膨胀力而开始收缩，核心区域收缩产生的热散布到外层，加上外层氢融合反应产生的热，使得太阳外部慢慢膨胀，半径增大到吞没水星的范围。

随着太阳的膨胀，其发光散热的表面积也随之增加，表面积扩大后，单位面积所散发的热相对减少，所以太阳一边膨胀，表面温度也随之降到摄氏三千度，在发生的电磁辐射中，以红光最强，所以将呈现一个火红的大太阳，称为"红巨星"。

太阳在红巨星时期不稳定，外层大气受到扰动会造成膨胀、收缩的脉动效应，而且脉动的周期和体积大小相关。想想果冻的情形，轻拍一下果冻，它便会晃

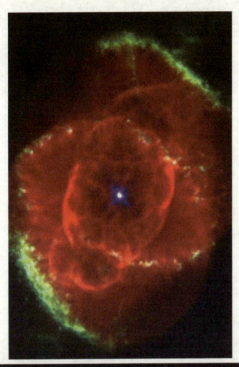

动，而且果冻越大，晃动的程度越小。同样的道理，红巨星的体积越大，膨胀、收缩的周期也越长。

简单来说，五十亿年后，太阳核心区域收缩的热将导致外部膨胀，变成一颗红巨星。充满氦的核心区域则持续收缩，温度也随之增加。当核心区域的温度升至一亿度时，开始发生氦融合反应，三个氦经过一连串的核反应后融合成为一个碳，放出比氢融合反应更巨量的光和热，使太阳外层急速膨胀，连地球也吞没了，成为一个体积超大的红色超巨星。

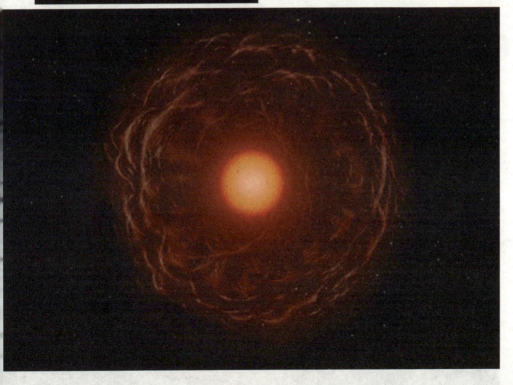

### 太阳的末路：白矮星 ＞

相似的过程在红色超巨星的核心区域再次发生，碳累积越来越多，碳的密度比氦大，相对的收缩的重力也更大，使得碳构成的核心区域收缩下去。但是当此区域收缩到非常紧密结实的程度，也就是碳原子核周围所有的电子都挤在一起，挤到不能再挤时，这种紧密的压力挡住了重力收缩。虽然此时的温度比摄氏一亿度高很多，但是还没有高到可以产生碳融合反应的地步。因此，太阳核心区域不再收缩，但也没有多余的热使外层膨胀，就如此僵持着，形成了白矮星。由于白矮星的核心没有核融合反应来供给光与热，整个星球越来越暗，逐渐黯淡下去，最后变成一颗不发光的死寂星球——黑矮星。经过理论上的计算，白矮星慢慢冷却变成黑矮星的过程非常漫长，超过一百多亿年，而银河系的形成至今不过一百多亿年，因此天文学家认为银河系还没有老到可以形成黑矮星。

经过计算，太阳体积缩小一百万倍，

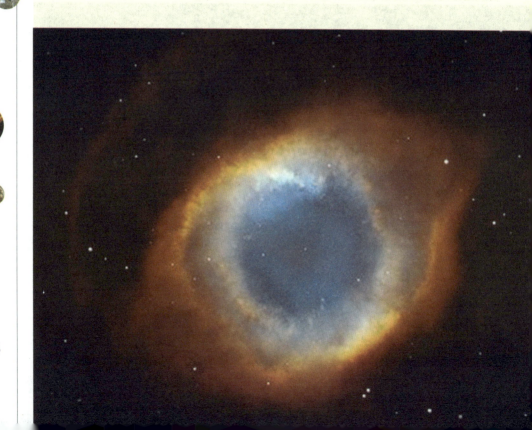

约像地球一样大时，物质间拥挤的程度才足以抗拒重力收缩。想想，质量与太阳相当，体积却只有地球大小，很容易算出白矮星的密度比水重一百万倍，也就是说一平方厘米的物质约有一公吨重，是非常特别的物质状态，物理学家称为简并状态。原子是由原子核和电子构成。一般人都看过电子围绕原子核的图画或动画，虽然是简化的示意图，却也反映了微小的物质状态。通常电子都在距离原子核很远的地方绕转着，如果温度逐渐降低，或是外力逐渐增加，则电子的活动范围便被压挤而越来越小，逐渐靠近原子核。但是电子与原子核之间的距离有其最小范围，电子不能越过这道界线。就像围绕在玻璃珠周围的沙粒一样，沙粒最多依附在玻璃珠表面，而无法压入玻璃珠中。

同样的，当所有的电子都被迫压挤在原子的表层时，物质状态达到了一个临界，即使在增加压力，也无法将电子往内压挤。这种由电子处于最内层而产生的抗压力称为电子简并压力。依据理论推算，质量小于一点四个

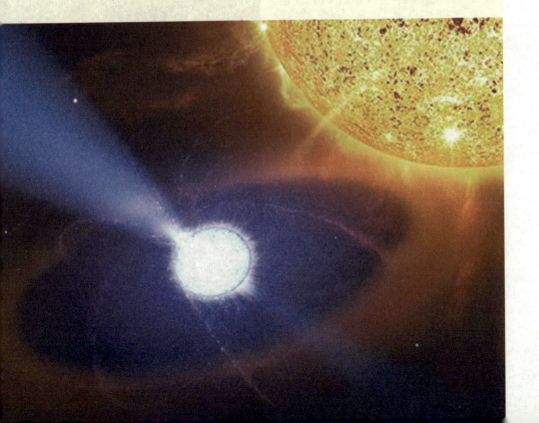

太阳质量的星球重力，不足以压垮电子简并压力，因此白矮星的质量不能比一点四个太阳质量更大。到目前为止，所发现的白矮星数量超过数百个，也都符合这个理论。这个上限首先是由一个印度天文学家钱德拉沙哈在1931年利用量子力学所求出来的，因此称为钱式极限。

当钱德沙哈拉当年提出的这种由电子简并压力挡住重力收缩的星球时，并没有得到赞扬，在英国皇家天文学会一九三五年所举办的研讨会中，更受到当代大师爱丁顿爵士打压，认为宇宙中并没有这种天体。德拉沙哈受到这个打击后，没有办法在期刊上发表论文，因此他写了一本书《恒星的结构与演化》，后来成为这个领域中的经典之作。为什么要称之为白矮星呢？这是因为第一个确定的白矮星是天狼星的伴星，颜色属高温的青白色，但是体积如此小，因此称之为白矮星，但是后来陆续发现许多同类的恒星，星光颜色属于温度较低的黄色橙色，但是仍然称它们为白矮星。白矮星因此成为一个专有名词，专指这类由电子简并压力挡住重力收缩的星球。

# ● 太阳的构造

　　太阳内部结构可以分三层：太阳中心为热核反应区；核心之外是辐射层；辐射区之外为对流层；对流层之外是太阳大气层，太阳大气层从里向外分为光球、色球和日冕。

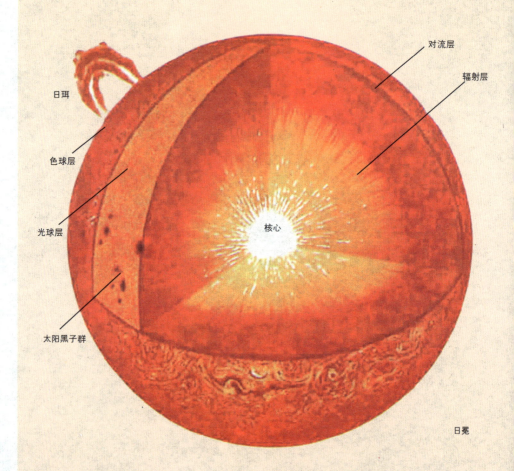

日珥

色球层

光球层

太阳黑子群

核心

对流层

辐射层

日冕

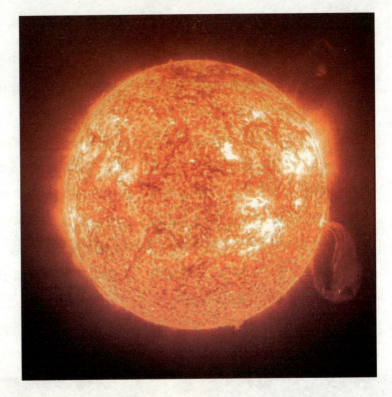

## 太阳中心区 〉

　　太阳的核心区域半径是太阳半径的1/4，约为整个太阳质量的一半以上。太阳核心的温度极高，达到1500万摄氏度，压力也极大，使得由氢聚变为氦的热核反应得以发生，从而释放出极大的能量。这些能量再通过辐射层和对流层中物质的传递，才得以传送到达太阳光球的底部，并通过光球向外辐射出去。太阳中心区的物质密度非常高，每立方厘米可达160克。在太阳自身强大重力吸引下太阳中心区处于高密度、高温和高压状态，是太阳巨大能量的发源地。太阳中心区产生的能量的传递主要靠辐射形式。太阳中心区是太阳的热核反应区，是太阳巨大能量的发祥地，是太阳充满活力的心脏。

21

## 辐射层 〉

太阳中心产生的能量要不停地向外传输出去，这样它才能维持自身结构的平衡。太阳中心产生的能量是如何传播到外层空间去的呢？我们知道，热的传播方式有传导、对流和辐射三种方式。生活中使用的保温瓶的制造原理是断绝这三种热的传播，保持瓶内外的热量不能交换传递。太阳中心产生的能量要不断地传递出去，主要是靠辐射形式。太阳中心区之外就是辐射层。辐射层的温度、密度和压力都是从内向外递减。辐射层的范围是从热核中心区顶部的0.25个太阳半径向外到0.71个太阳半径处。从体积上说，辐射层占整个太阳体积绝大部分。从太阳内部传出能量，主要是通过辐射形式，但是这不是惟一的途径，还有对流的过程。对流现象主要发生在辐射层之外，即从0.86个太阳半径向外处，到达太阳大气的底部，这一区间叫对流层。这一层气体性质变化很大，温度、密度和压力都比辐射层减少，变化很不稳定，形成明显的上下对流运动。这是太阳内部结构的最外层，起着输通内部、主导外部的重要作用。

## 光球 〉

太阳光球就是我们平常所看到的太阳圆面，通常所说的太阳半径也是指光球的半径。光球层位于对流层之外，属太阳大气层中的最低层或最里层。光球的表面是气态的，其平均密度只有水的几亿分之一，但由于它的厚度达500千米，所以光球是不透明的。光球层的大气中存在着激烈的活动，用望远镜可以看到光球表面有许多密密麻麻的斑点状结构，很像一颗颗米粒，称之为米粒组织。它们极不稳定，一般持续时间仅为5—10分钟，其温度要比光球的平均温度高出300—400℃。目前认为这种米粒组织是光球下面气体的剧烈对流造成的现象。

光球表面另一种著名的活动现象便是太阳黑子。黑子是光球层上的巨大气流旋涡，大多呈现为近椭圆形，在明亮的光球背景反衬下显得比较暗黑，但实际上它们的温度高达4000℃左右，倘若能把黑子单独取出，一个大黑子便可以发出相当于满月的光芒。日面上黑子出现的情况不断变化，这种变化反映了太阳辐射能量的变化。太阳黑子的变化存在复杂的周期现象，平均活动周期为11.2年。

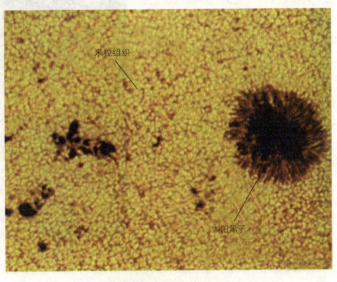

米粒组织

太阳黑子

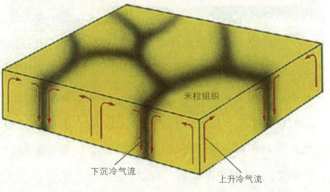

米粒组织

下沉冷气流

上升冷气流

## 色球 〉

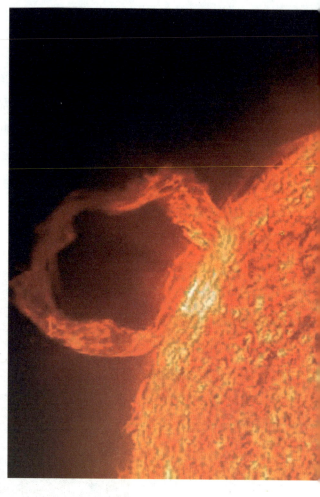

紧贴光球以上的一层大气称为色球层，平时不易被观测到，过去这一区域只有在日全食时才能被看到。当月亮遮掩了光球明亮光辉的一瞬间，人们能发现日轮边缘上有一层玫瑰红的绚丽光彩，那就是色球。色球层厚约8000千米，它的化学组成与光球基本上相同，但色球层内的物质密度和压力要比光球低得多。日常生活中，离热源越远处温度越低，而太阳大气的情况却截然相反，光球顶部接近色球处的温度差不多是4300℃，到了色球顶部温度竟高达几万摄氏度，再往上，到了日冕区温度陡然升至上百万摄氏度。人们对这种反常增温现象感到疑惑不解，至今也没有找到确切的原因。

在色球上人们还能够看到许多腾起的火焰，这就是天文上所谓的"日珥"。日珥是迅速变化着的活动现象，一次完整的日珥过程一般为几十分钟。同时，日珥的形状也可说是千姿百态，有的如浮云烟雾，有的似飞瀑喷泉，有的好似一弯拱桥，也有的酷似团团草丛，真是不胜枚举。天文学家根据形态变化规模的大小和变化速度的快慢将日珥分成宁静日珥、活动日珥和爆发日珥三大类。最为壮观的要数爆发日珥，本来宁静或活动的日珥，有时会突然"怒火冲天"，把气体物质拼命往上抛射，然后回转着返回太阳表面，形成一个环状，所以又称环状日珥。

## 日冕 〉

日冕是太阳大气的最外层。日冕中的物质也是等离子体,它的密度比色球层更低,而它的温度反比色球层高,可达上百万摄氏度。在日全食时在日面周围看到放射状的非常明亮的银白色光芒即是日冕。日冕的范围在色球之上,一直延伸到好几个太阳半径的地方。日冕还会有向外膨胀的运动,并使得冷电离气体粒子连续地从太阳向外流出而形成太阳风。

用日冕仪将太阳光挡掉后看到的日冕

25

# 太阳：一颗普通的恒星？

每本天文书上都会明白不过地告诉你，太阳系的中心天体——太阳，是银河系里的一颗普普通通的恒星。在难以计数的那么多恒星当中，太阳是离我们最近的一颗，因此，天文学家们往往这样叙述太阳与恒星之间的对比关系：恒星的类型各式各样，但它们都是非常遥远的太阳，毫无例外；近在"咫尺"的太阳则是最普通的恒星，是遥远的恒星的代表。

质量、直径、温度等物理要素，是恒星最重要的部分。由于质量等的不同，恒星的物理特性也就不同，它们的内部结构、演化途径等也都会有很大差异。这些基本要素在恒星物理学的研究中具有特别重要的意义。

从目前我们所知道的太阳情况来看，无论是它的直径、质量、光度、温度以及光谱类型等各个方面，可说是基本上都处在"比上不足，比下有余"的中等位置上。从太阳在赫罗图上所占位置来看，它是在所谓"主星序"的中段，表明它是颗"黄矮星"，正处在一生中"精力"比较充沛的壮年时期。

太阳的直径约139.2万千米，质量是2000亿亿亿吨，在表达其他恒星的直径和质量等的时候，为简便和便于比较起见，往往说它的直径和质量是多少个太阳直径和质量。

我们且来看看，太阳的一些主要物理要素在恒星中间是怎么个情况。

直径：当前已知的最大恒星，其直径大体上是太阳直径的2000倍，如果这么个庞然大物占据着我们太阳位置的话，不但地球、火星都会被它"吞掉"，就连木星在它"肚子"里转动起来也是绰绰有余；中子星是已知直径最小的恒星，直径约10公里，为太阳的10多万分之一。

质量：恒星的质量大体上都在百分之几个太阳质量到120个太阳质量之间，而多数恒星则在0.1—10个太阳质量之间。以太阳为代表的黄矮星的质量在0.1—20个太阳质量之间。

光度：恒星的真正亮度——光度（而不是看起来的亮度）相差甚大，约在 1/300万到 50万倍太阳光度之间；黄矮星的光度约在太阳光度的万分之一到10000倍之间。

正是从这些物理要素出发，太阳都在毫不显眼、毫无特殊可言的中等地位，称它为普普通通的恒星，并不是没有道理的。

近些年来，观测工具和手段的日益发展以及研究工作的更加深入，使得天文学家们感到一向被认为是普通恒星、黄矮星型恒星中的典型星——太阳，似乎并不普通，也不典型，而是存在着某些与众不同的特色。

黄矮星的质量一般都比较小，而其代表——太阳却不像与它同类型的多数黄矮星那么小。这使人怀疑太阳是否能算是黄矮星的最恰当代表，它代表得了

吗? 由于质量上的差异, 太阳的一些物理性质就会与以它为代表的太阳型恒星存在一些差别, 甚至重大差别。除了我们将要在下面讲到的一些差别外, 也许还有些更有说服力的特征尚未被发现。有人估计, 也许会有那么一天, 太阳的太阳型恒量代表的资格将正式被取消。

恒星的亮度或多或少都会有点变化, 对于太阳型恒星来说, 这种变化大致是1%—2%, 变化周期为几个小时。太阳的情况怎么样呢? 精确的观测证实, 太阳亮度的变化幅度比0.15%还小, 只及应有

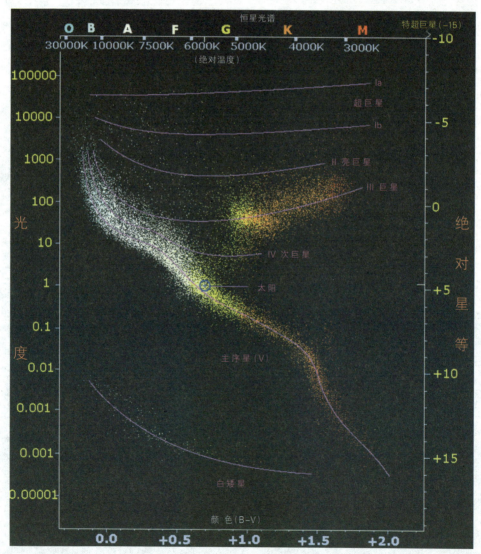

赫罗图

的1/10，而变化的周期却长了好几十倍。太阳的表现显然与其他太阳型恒星有点格格不入。

恒星的自转速度是个重要的物理量，科学家们实测了好些黄矮星的自转速度，所得到的结果与理论预测是一致的，即处于"青壮年"时期的恒星比起"老年"恒星来，其自转速度要大得多。太阳的年龄约50亿年，这类恒星的表面自转速度应该是5千米/秒上下，而太阳只有约2千米/秒，显然是低了不少。

一般情况是这样的：恒星的活动性与其自转速度有着密切关系，自转速度越快，其活动性就越强。所谓恒星的活动性，自然包括星冕、色球、耀斑、黑子以及星风等。太阳在其同类型恒星中，是一颗比较稳定和极其宁静的星球，这与它的自转速度特别低有关。

太阳类型的恒星大气中，都有一层被称为色球层的特殊区域。色球层一般都比较活跃，许多活动现象都与它有关系，因此，天文学家们很重视对它的研究。色球层的活动与太阳活动一样，有周期性。对太阳来说，活动周期平均是11年多点；而那些太阳型恒星的活动周期要短些，大致为8—10年。为什么它们会短些呢？令人捉摸不透。

这就是说，太阳名义上是黄矮星类型恒星中的典型，而且被看做其代表，但实际上，随着对它认识的深化，越来越发现它与太阳型恒星之间存在重大的差异。它还能算是普通恒星吗？令人怀疑。

太阳周围有个庞大的天体系统，光是已发现了的大行星就有8颗。太阳周围的一定范围内，有个所谓的"生态圈"，意思是说，在太阳生态圈内的行星上，才有条件产生和发展生命。太阳生态圈内有2颗行星，它们就是地球和火星。地球上生命的产生和繁衍、人类文明的建立，绝非偶然，而是与太阳提供的条件和地球所拥有的条件分不开的。把这些条件看做地球和人类所独有的，这并不过分。而太阳所给予的条件应该看成是与它的某些特殊性质有关。

从这个角度看太阳型恒星中的其他恒星，是否也具备某些特殊性质，而能为其周围的行星提供生命生存和发展所需的环境和条件呢？

许多人认为，并不是只有太阳系内才有生命，并不是只有地球上才有智慧生命，银河系中那些与太阳相似的恒星周围，不仅存在着行星，也存在着处于各种不同发展阶段的生命，包括智慧生命。当然也有持反对观点的，至今仍没有找到地外生命存在的证据，表明包括黄矮星在内的多数恒星的性质只是一般，不像我们太阳那样特殊。这又一次证明太阳并不是一颗普通恒星。

那么，我们的太阳究竟是颗什么样的恒星呢？是颗最普通不过的恒星，还是颗特殊恒星？还是两者兼而有之呢？从目前情况来看，太阳似乎越来越不像是颗普通恒星，表现出越来越多的特殊性，但它究竟会跑得多远？特殊到什么程度？天文学家们正密切注意着这类一时还无法解答的问题，寄希望于将来。

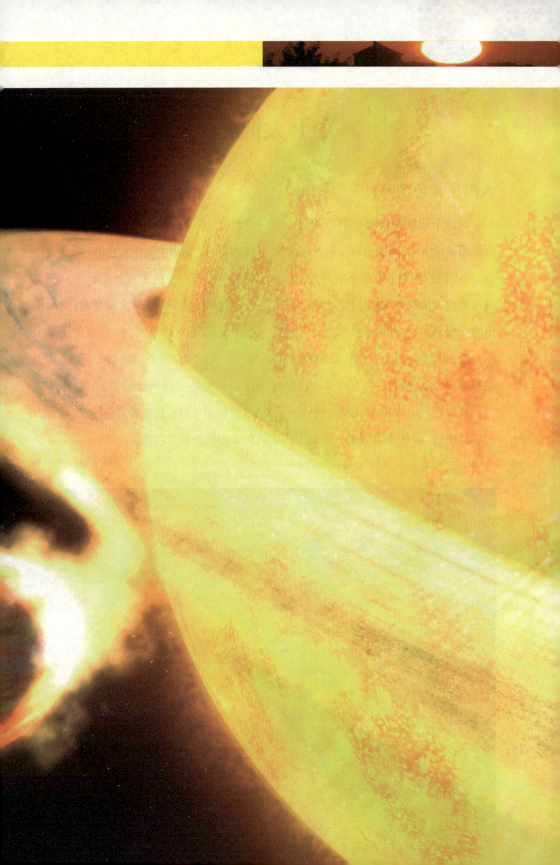

# ● 关于太阳的Q&A

### 太阳是黄色的吗? 〉

对这个问题我们都感到很困惑。这里要明确指出: 太阳发出的光是五颜六色的, 在不同的颜色下发出不同的光, 比如通过紫色发出红光。事实上, 蓝绿光谱发出的光最强烈(大约480纳米), 但我们并不会看到绿色, 因为我们的眼睛在大脑的帮助下结合了所有这些不同颜色的光。

从物理学上来讲, 太阳是白色的。这很容易理解, 就像太阳照在一张纸上, 出现白色的阳光一样, 照在雪和云上也是一样的道理。如果太阳是黄色的, 那么这些看起来应该是黄色才对。

然而, 很多人认为太阳是黄色的, 但并不能解释它的原因。科学家做了许多研究, 人们也一直在讨论这个问题。他们猜测可能是与蓝天比较而言, 也许是地球大气让太阳看起来是黄色的, 很难说, 但太阳的颜色是白色的。

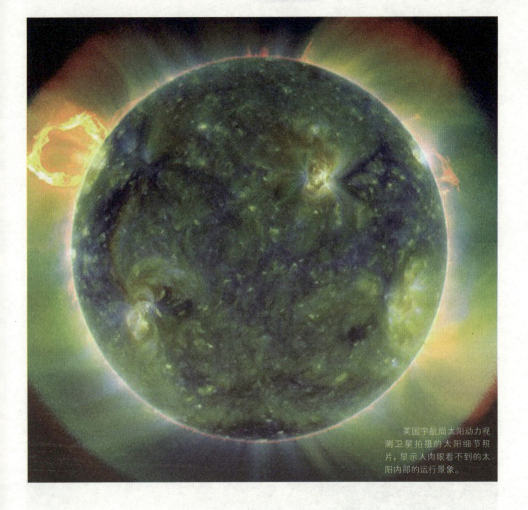

美国宇航局太阳动力观测卫星拍摄的太阳细节照片，显示人肉眼看不到的太阳内部的运行景象。

## 太阳活动高峰期是和磁场峰值在同一时间吗？ >

你可能会认为，太阳活动高峰期和磁场峰值发生在同一时间，但事实上要复杂得多。

太阳实际上会出现两次磁场峰值：出现第一次峰值后会逐渐减弱，持续约一年的时间，然后慢慢增强达一年时间，然后又下降，直到减弱到最低程度——它看起来就像一个双峰驼的双重回。太阳活动高峰期，比如耀斑的出现和太阳风暴等太阳剧烈活动，实际上与太阳第二个磁场峰值的时间相符。

## 太阳会越来越热吗？ ＞

太阳在其核心内将氢转变为氦，它没有足够的能量将氦溶化，因为将氦转变为碳要更高的压力和温度，这样，氦就在太阳核心中形成了，就和煤在壁炉烧成煤灰一个道理。在太阳引力的作用下，越来越多的氦气释放出来，好比你用力压气体，气体反而会跑出来一样。因此，经过数十亿年的时间，太阳中心堆积的氦气越来越多，温度也越来越高。

多余的热量会从太阳中心和表面释放出来。因此，随着时间的推移，太阳本身，甚至其表面，越来越热。这意味着太阳应该变得越来越亮了。事实上，太阳比45亿年前首次核聚变时亮了40%。

而且太阳现在仍然在越变越热。这是不好的。据专家计算，如果地球平均温度增加大约10华氏度，温室效应将会愈加明显。地球正受着太阳光的加热作用。这神奇的一刻会发生在约11亿年后。在那个时候，地球将变得很热：冰盖将融化，南极将成为一个不错的度假胜地。

24亿年后，太阳将变得更热(比现在要亮40%)，到时地球的温度将上升到足以蒸发掉所有的海水。

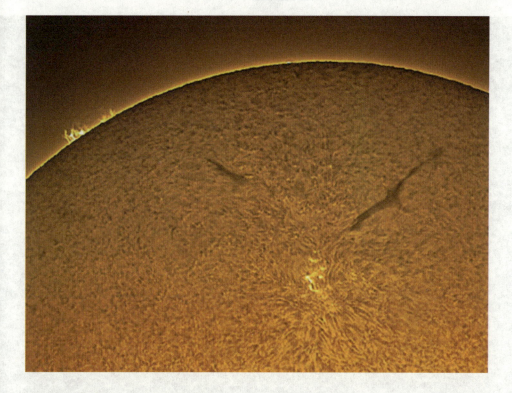

## 太阳看起来为什么会如此亮？〉

众所周知，太阳是相当大的：它的周长是140万公里，体积是地球的100万倍！这意味着，在其核心压力和温度相当高（3400亿个大气压强和1600万摄氏度蝶即2700万华氏度），在这样的情况下，氢可以进行核聚变，变成氦。根据爱因斯坦的质能方程$E=MC^2$，可以知道在任何核反应过程中一定出现质量亏损，同时释放出核能。

这跟氢弹爆炸的原理一样，当氢转变成氦时，反应物质在核反应前后的质量损失为M，释放的能量为E。这方程中的C则是指光速，它本身的速度非常快，所以就算很小的一点物质都能转换成巨大的令人惊叹的能量。

由此我们知道了太阳每秒钟可以释放出$4 \times 1026$焦耳的能量；而且我们可以使用爱因斯坦的方程式来计算出太阳所释放的能量，它可以在瞬间将500万吨的物质转化为能量，这大概相当于7个大规模的满载石油的超级油轮，这样说可以给你一个比较感性的认识。你还在对此

35

感到怀疑吗？想想这个：所谓氢聚变，那就是，数十亿年寿命的太阳在每一天的每一秒钟都在不断地将7亿吨氢转换成6.95亿吨的氦。令人难以相信！

表面上看来太阳将会很快地将氢用尽，但是请记住，太阳非常巨大，500万吨对太阳来说只是微不足道的，所以在这数十亿年来，我们都是很安全的。如果你还想知道更多关于这方面的知识，那

请关注下面更加详细的描述。打个比方，地球上所有核武器工厂加起来大约有20000枚炸弹。假设每枚炸弹都有100万吨级（这当然是一个高估）太阳和这个巨大的武器储藏库比较会如何？

太阳每一秒钟所释放出的能量相当于整个地球的核武器储藏库释放出的能量的500万倍，这是一个保守的估计，对于太阳来说就微不足道了。

## 太阳活动能够毁灭人造卫星，甚至造成地球停电吗？ 〉

太阳可能看起来既稳又平，但它每时每刻都在运动和发生小爆炸。随着时间的流逝，太阳的磁场不断地在发生变化，22年一个周期。在每个周期的开始磁场非常弱，随后逐渐增强。约5年半后达到峰值，然后慢慢消失。峰低为零，然后再次加强，但是下一次的极性会掉转，北极变成南极，南极变北极（注：太阳本身不会随着磁场的方向改变而掉转方向）。

在任何时候，太阳的磁场是极为复杂的，但当达到磁场的磁性顶峰时它会非常强劲，表面会变得很活跃，就像一张满负荷的弹簧床一样，储存了大量的能源，一触即发，释放大量能量。这时会有太阳耀斑，也就是太阳表面的物质发生爆炸，或发生日冕物质抛射，喷发大量物质。

太阳活动会影响地球卫星，它们产生大量电流会干扰构成卫星的材料，还会吹熄电路。大多数卫星能够承受轻微冲击，但不少卫星在太阳剧烈活动时不幸消失了。

我们地球表面也会受太阳活动的影

响。地球的磁场使地球表面产生巨大的电流。这些地磁感应电流，会导致额外的电流进入电网，造成大面积的停电。这并不是凭空猜测，而是有事实依据的。在1989年3月，正是这样一种太阳活动，导致加拿大魁北克的一座大型火力发电厂受到严重冲击，致使供电系统瘫痪，造成数百万美元的损失。

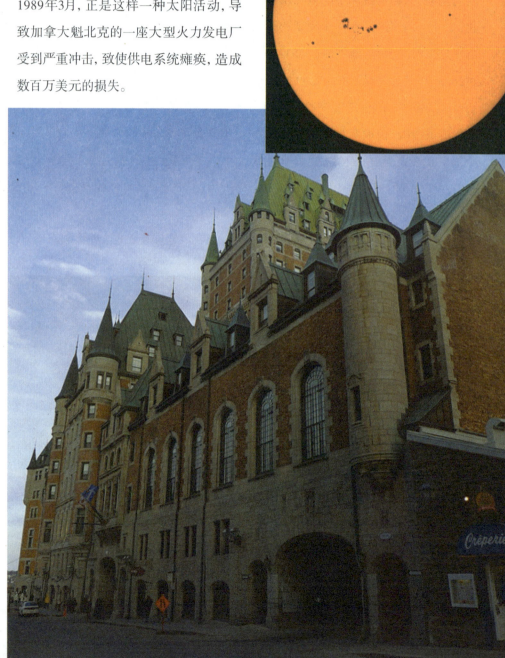

## 盯着太阳看会让人失明吗？ >

你也许听说盯着太阳看会让人失明。事实不完全是这样。必须搞清楚，从来没有人因为看太阳导致永久失明，但你盯着太阳看，确实会伤眼睛，通常伤害不会太严重。

通常情况下，发生日食时看太阳会损伤眼睛。日食本身不会伤害你，但是伤害发生在日食的一瞬间。当太阳被遮住，你的瞳孔扩张，让更多的光线进入，所以，当太阳第一条光线射向你的眼睛，你的眼睛因充满光无法适应，这可能会导致受损的视网膜病变。它实际上不是热损伤，而是光化学。如潮水般涌来的紫外线实际上会改变你的眼睛细胞的化学物质，然后破坏它们。

一般情况下，损害是轻微的，可以治愈，但有时小伤害的影响也比较长久，换句话说，你仍然不应该盯着太阳看。通常儿童这样盯着看，受到的伤害会较大，因为他们的眼睛透镜会吸收更多的蓝光，眼睛如果能筛选出黄光是最好的，因为可自然过滤掉紫外线。

# 太阳的儿女们

太阳是一颗恒星，在这颗恒星身边诞生了行星世界。这些行星的成员众多，运行活泼，变化万千，使太阳永不寂寞。古人早就发现，在太阳和月亮经过的天区附近，常有几颗明亮的星星，经过一段时间观察发现它们在众恒星背景上有明显的位置变化，给它们起了有别于恒星的名字，叫行星。中国古代把水星、金星、火星、木星和土星统称为"五星"或"五行"。

行星世界成员的共同特点是：八大行星绕太阳运动的轨道平面基本上都很靠近，叫共面性；都朝同一个方向绕太阳运动，叫同向性；同时，它们的轨道又都

是近似于圆的椭圆轨道，叫近圆性。真是"家有家规，生活有序"。因此，八大行星绕太阳运动各行其道，非常稳定。八大行星都是近似于球形的天体，本身一般不发可见光，所见行星的亮光是其表面反射太阳光的缘故。如果你通过天文望远镜观察行星，会发现它们都有一定的视面，而恒星的视面无法用普通的天文望远镜分辨出来。因此，行星有视面不闪烁。恒星是点光源，由于地球大气抖动，引起闪烁的现象。由于行星绕太阳运动，各自有各自的运行周期，我们从地球上看去，它们就出现了相对于太阳的位置变化，时隐、时现，时进、时退的现象，这叫行星的视运动。眼睛可直接见到的几大行星的亮度和颜色也是不一样的。金星最明亮，木星次之，火星发红，土星有些发黄。这些也可以作为判别行星的依据。

天文学家们还常常以地球轨道来划分行星，把地球轨道以内的水星和金星叫内行星；把地球轨道以外的火星、木星、土星、天王星、海王星称为外行星。按行星的质量、体积、结构和化学元素组成，又把水星、金星、地球和火星称为类地行星，而把木星、土星、天王星和海王星称为类木行星。

行星世界是人类最近的地外邻居，也应作为人类的家园。随着空间技术的飞速发展，人类已发射了数以千计的探测器，对行星世界和行星际空间进行探测，获得了丰硕的成果。

在太阳家族中，八大行星各具特色，享有盛名。说起行星世界里还有众多的小兄弟——小行星，人们可能感觉没有

皮亚齐

那么熟悉。但是，这是太阳之家中一个不可小看的群体。

1801年1月1日的新年之夜，人们都在欢庆进入新的一年。而意大利西西里岛的巴勒莫天文台台长皮亚齐正沉浸在自己的乐趣里。当他把天文望远镜对准金牛星座时，突然发现一颗8等星亮度的奇怪天体。皮亚齐以科学家应有的仔细，对这个不速之客进行了多方核实。他决定第二天再跟踪这个天体的行迹。第二天发现这个陌生的天体从东向西移动了4角分。皮亚齐确定它是太阳系内的天体。但是，皮

光学望远镜拍摄到的谷神星图像

42

波德

亚齐不愿贸然地公布此事。在以后的6个星期里，皮亚齐一直监视着这个天体，它在恒星之间不断地改变着位置。这位台长判定它是一颗彗星。可是，就在这个关键时刻，他患病在身，不得不中断观测。等他康复后再行观测时，这个天体在群星间消失得无影无踪了。此时，皮亚齐发现自认为是彗星的消息传到德国柏林天文台。台长波德正在邀请的24位天文学家沿黄道分段搜查在火星和木星之间可能存在的行星。皮亚齐正是被邀请的24位著名的天文学家之一。波德分析了皮

亚齐的观测情况以后，认定皮亚齐发现的就是火星和木星之间的尚在寻找的天体。但是，光这样推测还不行，还必须根据观测资料计算出它的轨道才能确定。这时，年仅24岁的德国大学生，即后来鼎鼎有名的大数学家高斯，创立了一种新的数学计算方法。这种方法能根据在不同时间测得的某一天体在天空中的3个精确位置。计算出这个天体的轨道。这位青年大学生根据皮亚齐的观测结果计算出这个无名天体的轨道，恰好在火星和木星轨道之间。正是24位天文学家要搜寻的行星。知道了它的轨道，就容易在群星之中再把它找到。高斯与皮亚齐通力

卡尔·弗里德里希·高斯

43

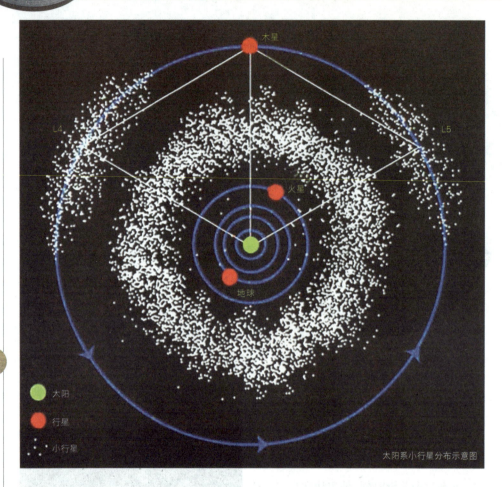

木星

L4

L5

火星

地球

● 太阳

● 行星

· 小行星

太阳系小行星分布示意图

合作，很快就公布了这位不速之客的轨道数据。这是天文学家和数学家绝妙合作的典范。在发现这一天体一年以后，即1802年1月1日，德国天文学家奥利培尔斯根据计算的位置，果然又找到了这个天体。这个天体就是发现的第一颗小行星。以罗马神话中谷物的保护神命名为谷神星。1802年发现第二颗小行星，命名为智神星；1804年发现第三颗小行星，命名为婚神星；1807年又发现第四颗小行星，命名为灶神星。这就是到目前已知体积最大的四颗小行星。

小行星的特征是：第一数量多，至今为止在太阳系内一共已经发现了约70万颗小行星，但这可能仅是所有小行星中的一小部分；第二范围广，绝大多数小行星都在火星和木星轨道之间绕太阳运动，在这个行星际空间形成一个小行星区，叫小行星带。但是也有少数散漫而孤独的小行星跑出了群体，它们有的轨道半径在火星轨道之内，有的又到了木星轨道之外，还有极少数小行星跑到地球轨道附近，距地球在几十万到几千万千米之间。这类小行星叫近地小行星；第三体积小，目前已知体积最大的小行星就是谷神星；它的直径约1000千米。一般小行星直径只有1千米到几十千米。估计小行星的总质量仅为地球质量的万分之四；第四形态各异，小行星多呈不规则的形体；第五具有三种物质类型，按小行星的物质组成，可分为碳质小行星、石质小行星和金属小行星。碳质小行星约占小行星总数的76%，石质小行星约占16%，金属小行星约占5%。

近地小行星虽然为数极少，但一直被天文学家们给予特殊的关注和严密的监视。因为它们有可能在"万一"之下撞到地球上来，对人类和地球环境构成危害。目前，国际上正在形成近地小行星联合监视观测网，以便万一出现险情提早

直径不大的小行星都呈不规则的形状

45

预防。说到这里，人们也许会问：有小行星撞击地球的先例吗？目前，我们只知道有陨石落地，还不能确认哪个就是小行星的袭击。但是，地球上也确有些巨大的陨石坑，应是"地外来客"撞击地球的痕迹。1908年6月30日早晨，在俄罗斯西伯利亚通古斯地区发生一次惊人的陨击爆炸事件，产生的爆炸声和冲天的火光在1000千米之外感受也很强烈。科学家们经过多年现场考察，认为这很可能是地外来的小行星或彗核对地球的撞击引起。1980年，美国物理学家，1968年度诺贝尔物理学奖获得者路易斯·W·阿尔瓦雷斯和他的儿子——地质学家沃尔特·阿尔瓦雷斯共同提出，曾经统治地球长达1.5亿年之久的庞大动物——恐龙，为什么在6500万年前突然灭绝了呢？他们认为，这是由于一颗直径约10千米的小行星撞击地球引起巨大爆炸，产生强烈的核辐射，抛出大量的尘埃，遮天蔽日达数年，形成了核冬天。在这种突然袭击下，恐龙和大量生物灭绝。当然，这只是学说，还有待研究证实。但是，它也提醒我们要注意观测和预防近地小行星的陨击。

预防近地小行星对地球破坏性的陨击，具有重要的现实意义。同时，小行星身居太空，经历了太阳系演化的历史时期，具有丰富的太阳系变迁的信息，对研究太阳系演化有重要的科学价值。随着空间科学的发展，天文学家们不仅在地面上观测小行星，而且利用探测器去观测小行星。1989年，美国发射的"伽利略号"探测器，在飞往木星的途中，于1991年10月29日，近距拍下了加斯帕拉（951号）小行星非常清晰的照片。这是人类第一次见到小行星表面的情况。这颗小行星是不规则体，为19千米×12千米×11千米，表面布满坑穴。1993年8月28日，"伽利略号"又拍下艾达（241号）小行星的照片。它的表面也有大量的坑穴。这对研究小行星在行星际空间的经历有非常重要的意义。

澳大利亚狼溪陨坑

# 太阳与历法

在精密钟表发明前，古人对时间的感知不外乎太阳的东升西落、月亮的阴晴圆缺以及四季的冷暖更替。因此，对于任何一个历法来说，其主要概念都有两个：月和年。从天文学的角度看，年是地球绕太阳运转一周的时间，而月的长度则关系到人们在地球上观测到的月亮的圆缺变化。以这两个概念为标准，世界历史上使用过的历法主要有三大类。

第一种是阳历，这种历法的设定是以地球绕太阳运转周期为基础的，现在全世界通行的公历（格里高利历）就是典型的阳历。在公历中，一年的长度就是地球绕转太阳运动一周的时间，而月的长度虽然与月亮圆缺变化的周期差不多，其实却是完全不考虑月亮圆缺规律的。

另一种是阴历，阴历的设定是以人们对月球的观测为基准。阿拉伯国家通行的历法就是阴历，这种历法每个月的长度严格按照月亮的圆缺规律设定，一年的长度却比地球绕太阳运行一圈的时间要少一些，只有350多天。因此，阿拉伯历法中的新年，既可以出现在冬季，也可以出现在夏季。

最后一种是阴阳结合历，这种历法既要符合月球的圆缺变化，又要照顾到一年中的四季变化。中国传统的农历虽然通常也被人称为阴历，其实却是典型

的阴阳结合历。在农历中，通过设置闰月来弥补纯阴历在年的长度上与阳历的差异。我国古代的历法编制者们经过反复推算，制定了"19年7闰"的农历体系。农历是世界上现存为数不多的阴阳结合历，它能很好地和各种天象对应，它的节气严格对应太阳高度，历月较严格地对应月相，与月球运行相关的天文现象，如日月食、潮汐等，也都能很好的对应。表现农历的这种阴阳结合特点的典型的例子是二十四节气，虽然它是农历的一部分，但某个具体的节气却并不与农历中的日期相对应，而总是出现在公历中特定的某几天之中。比如二十四节气中惟一的节日清明节，就总是出现在公历4月4日至6日中的某一天。

现代公历起源于古罗马。古罗马本来也是使用阴阳结合历的，但是误差很大，使用不便。到了公元前46年，儒略·恺撒统治期间，采纳了一位埃及天文学家的建议，颁布了新的历法"儒略历"。在儒略历中，每一年的第一天被规定为冬至日之后的第十天，每月长度被设定为相互间隔的30天或31天，由于恺撒自己生于7月，他就把7月命名为"儒略月"（July），月份当然也要长一点，被设定为31天，并

49

儒略·恺撒

因此确定了一年中单数月份为31天，双数月份为30天，这样加起来就是366天了。由于古罗马处决死刑犯的时间是在每年的2月，因此2月就被认为是不吉利的月份，干脆减去一天算了，这样，一年就是365天了。

恺撒之后，另一位古罗马皇帝奥古斯都当政，奥古斯都原名屋大维，是恺撒侄女的儿子，后来被恺撒收为养子并指定为继承人。恺撒被刺后他成为罗马皇帝，并改名奥古斯都（Augustus，即"尊崇"的意思）。所谓"上行下效"，既然舅公恺撒有属于自己的月份，奥古斯都也得要一个自己的月份。他出生在8月，因此就将8月命名为"奥古斯都月"（August），也将8月由30天改为31天，9月之后的4个月仍按30天和31天间隔排列。这样一来又多出了一天，于是不吉利的2月再减去一天，只有28天了。

地球绕太阳运转的实际时间要比365天长上几个小时，因此，就需要设置闰月来处理逐渐积累起来的误差。儒略历规定每4年设置一个闰年，放在那个不吉利的2月。这样，在短时间内看误差被抵消掉了，但几百年之后误差还会逐渐增大到以天为单位来计算。儒略历在欧洲实行了1600多年，到了16世纪，新年的日期实际上已经比儒略的时代推后了10天，各种物候天象和历法本身已经严重脱节，人们也早就认识到了儒略历的这个缺陷。1582年，当时的罗马教皇格里高利十三世终于忍无可忍，下令改革历法，规定以后每遇到满100年的那次闰年取消，但满400年的那次闰年仍然保留，这就是现行公历"格里高利历"。但之前已经积累的那10天误差怎么办呢？格里高利十三世采用了最简单粗暴的方法：规定1582年10月4日的次日为10月15日，中间那10天直接减掉算了。这样，那一年就只有355天了。

格里高利十三世这种快刀斩乱麻的方法虽然解决了儒略历积攒了1600多年的问题，却也造成了一些新的问题。新历法在当时的天主教国家立即实行，但由于当时正值欧洲宗教改革时期，已经改信新教的那些国家对新历法无动于衷，甚至认为这是教皇的一场阴谋，目的是

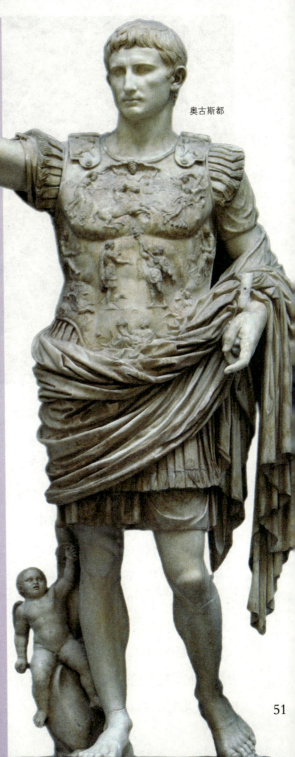

奥古斯都

51

要恢复罗马教廷的统治（显然，如果新教国家接受了格里高利历，就有愿意接受罗马教廷统治的意味）。在之后的几百年里，这些新教国家逐渐放弃儒略历，改用格里高利历，但在这一漫长的过程中，两种历法系统并存，不仅给当时的欧洲人造成了很大麻烦，也给今天的人研究欧洲历史造成了一定的困难。那时的欧洲人如果在不同的国家间旅游，不但要倒时差，还要倒"日差"、"月差"甚至"年差"。如果是住在国境线上，这边过完圣诞节，十几天后可以到那边再过一遍。在

全欧天文学家合作进行的一些观测活动中，则发生过最后汇总到一起的资料由于搞不清楚每份资料上记录的时间到底采用哪种历法而让统计工作陷入停顿的事情。对今天的历史学家来说，搞清楚每个欧洲国家改用格里高利历的年份也是个很重要的事情，否则就可能在一些问题上出错。很多历史事件的发生时间也都有两个版本。例如我们今天所知的大科学家牛顿的生日就有两个，1642年12月25日（儒略历），以及1643年1月4日（格里高利历）。如果只按照现今通行的格里高

利历来描述牛顿的生日，就无法解释为什么有的书中记载他出生在圣诞节了。由于俄国直到20世纪初仍在使用儒略历，因此，著名的"十月革命"如果按照那时已经基本全世界通行的格里高利历算其实应该发生在11月。

当然，格里高利历也并非最为完善的历法。在置闰的问题上，早在格里高利历诞生前，就有人提出更为合理的"33年8闰"方案。有意思的是，英国的新教徒曾经出于宗教目的极力鼓吹这种历法，并曾经为了证明这种历法的优越性而去寻找一条新的本初子午线。这条本初子午线被设定在约西经77°处，也就是靠近北美大陆东岸的地方。为此，英国曾向北美派出了多支探险队，以至于有人认为，如果没有这种33年8闰的历法，也就不会有现在的美国了。

其实，在历法的精确度方面，格里高利历虽然不是最精确的，但却沿袭了儒略历的传统，且很有规律易于操作，因此能够沿用至今。而那些片面追求精确的历法却往往由于太过繁琐而失去了应用的可能。例如，我国农历虽然采用19年7闰的方案，但1500多年前的祖冲之就已经提出了更为精确的"391年144闰"方案，这一方案显然毫无应用可能。也曾经有很多人提出要修改格里高利历。但是，既然格里高利历已经够用，那还是一直用它吧。

## 太阳与古代计时

古人把一昼夜划分成十二个时段，每一个时段叫一个时辰。十二时辰是古人根据一日间太阳出没的自然规律、天色的变化以及自己日常的生产活动、生活习惯而归纳总结、独创于世的。一般地说，日出时可称旦、早、朝、晨，日入时称夕、暮、晚。太阳正中时叫日中、正午、亭午，将近日中时叫隅中，偏西时叫昃、日昳。日入后是黄昏，黄昏后是人定，人定后是夜半（或叫夜分），夜半后是鸡鸣，鸡鸣后是昧旦、平明——这是天已亮的时间。古人一天两餐，上餐在日出后隅中前，这段时间就叫食时或早食；晚餐在日昃后日入前，这段时间叫晡时。

【子时】夜半，又名子夜、中夜：十二时辰的第一个时辰。（北京时间23时至01时）。

【丑时】鸡鸣，又名荒鸡：十二时辰的第二个时辰。（北京时间01时至03时）。

【寅时】平旦，又称黎明、早晨、日旦等：是夜与日的交替之际。（北京时间03时至05时）。

【卯时】日出，又名日始、破晓、旭日等：指太阳刚刚露脸，冉冉初升的那段时间。（北京时间 05 时至 07 时）。

【辰时】食时，又名早食等：古人"朝食"之时也就是吃早饭时间，（北京时间 07 时至 09 时）。

【巳时】隅中，又名日禺等：临近中午的时候称为隅中。（北京时间 09 时至 11 时）。

【午时】日中，又名日正、中午等：（北京时间 11 时至 13 时）。

【未时】日昳，又名日跌、日央等：太阳偏西为日跌。（北京时间 13 时至 15 时）。

【申时】哺时，又名日铺、夕食等：（北京时间 15 食至 17 时）。

【酉时】日入，又名日落、日沉、傍晚：意为太阳落山的时候。（北京时间 17 是至 19 时）。

【戌时】黄昏，又名日夕、日暮、日晚等：此时太阳已经落山，天将黑未黑。天地昏黄，万物朦胧，故称黄昏。（北京时间 19 时至 21 时）。

【亥时】人定，又名定昏等：此时夜色已深，人们也已经停止活动，安歇睡眠了。人定也就是人静。（北京时间 21 时至 23 时）。

## ● 探索太阳系的边界

在太阳系的深处，阳光已远没有那么耀眼，无尽的黑暗几乎吞噬了一切。但就在这黑暗的背后，一场事关地球上生命生死存亡的"拉据战"已经上演了数十亿年。这里就是太阳系的边界——太阳系最后的高地。

## 哪里才是太阳系的边界？ >

这并不是一个如想象中那么容易回答的问题。

有些东西具有明确的边界，例如一张桌子或者是一片足球场，而其他一些并不那么显而易见，例如城市或者乡镇，很难说清楚它们究竟止于何处。太阳系的边界更类似于后者。你可能会想，太阳系的边界其实就是太阳的作用可以波及的最远距离。那么太阳的作用究竟指的

是什么？是太阳所发出的光？还是太阳的引力或者是太阳的磁场和太阳风？

阳光所能"照亮"的范围并不能很好地告诉我们太阳系的边界在哪里。因为随着与太阳的距离越来越远，阳光会越来越暗，但这一变化是连续而"平滑"的，并不存在一个地方，在那里阳光会戛然而止或者突然变弱。那么太阳的引力呢？就如同光一样，随着距离的增大太阳

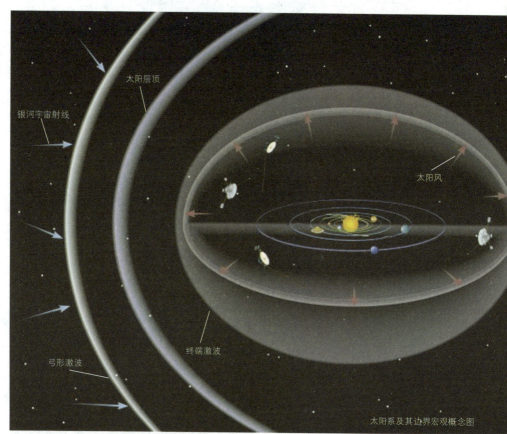

银河宇宙射线

太阳层顶

太阳风

终端激波

弓形激波

太阳系及其边界宏观概念图

58

引力也会不断减小，但它也不具有一条明确的界线。事实上，天文学家仍然在不断发现位于冥王星轨道之外的天体。

然而，太阳风和阳光以及引力都有着迥异的差别。当它从太阳表面被"吹"出来之后，就会向恒星之间的领域（星际空间）进发。通常星际空间被认为是"空"的，但其实包含有质量的气体和尘埃。太阳风会"吹打"这些物质，并且在其中清理出一个气泡状的区域。这个包裹着太阳和太阳系的"气泡"被称为"日球层"。尽管形状上类似肥皂泡，但其实从物理上它更像是在寒冷的空气中你所呼出的一团白色雾状气体。科学家们认为日球层的最内侧到太阳的距离是日地距离（被定义为"天文单位"）的90倍数，即90个天文单位，差不多是冥王星的2.5倍远。这里就是太阳系的边界。

### 解密太阳系的边界 ＞

在太阳系的边界之外就是广袤的星际空间。星际空间并不是完全的真空，还存在星际介质。星际介质绝大部分由氢和氦组成，其余的则是更重的元素，例如碳。而在整个星际介质中大约有1%是以尘埃的形式出现的。虽然星际介质并不均匀，密度有高有低，但即使是在密度最高的地方，它的密度也只有地球大气的一百万亿分之一。

诚然星际介质是如此的稀薄，但它仍然具有压强。而从太阳"吹"出的太阳风也是如此。在靠近太阳的地方，太阳风具有很大的推力，可以轻松地吹散太阳周围的星际介质。不过在远离太阳的地方，星际介质最终会胜出，它会使得太阳风减速并且最终停下来。太阳风减速并且开始和星际介质相互作用的地方被称

为"太阳风鞘"，它包含了终端激波（太阳系边界的最内层）、太阳风层顶（太阳系边界的最外层）以及介于两者之间的这三部分。

信不信？在你们家的厨房里也存在着类似的现象，只不过一个是平面的，一个是三维。当从龙头中流出的水打到洗碗池底部的时候，水流就会以更高的速度向外扩散，形成一个由水流组成的"圆盘"，这就像终端激波中的太阳风。在这个圆盘的边界周围会形成一道水墙（对应于激波波前），在它之外水流的速度就会降低，类似于终端激波之外的情景。

在物理上终端激波对应的正是太阳风的速度降低到小于当地声速的

地方，这一减速会导致许多重要的变化。太阳风由等离子体组成，当它减速的时候就会压缩到一起，就像一群人同时涌入一个小房间。受到挤压之后等离子体就会大幅升温。同样地，太阳风中夹带的太阳磁场也会在终端激波处增强。到目前为止对终端激波仅进行了2次直接探测。"旅行者"1号和2号分别在2004年和2007年穿越了终端激波，两者当时的距离分别为94和84个天文单位，足足相差了10个天文单位。这一不对称性显示，由于至今不明的某种原因太阳系倾向了一侧，更多地把它的另一侧暴露在了星际空间中。

太阳风层顶则是太阳风和星际介质的边界，在那里太阳风的强度不足以再抵抗星际介质的压强，因此作为日球层外边界的太阳风层顶也经常被视为整个太阳系的外边界。由于太阳在星际介质中并不静止且运动速度大于其中的声速，因此在日球层的前方还会形成弓形激波，它和在超音速飞机前方出现的激波十分类似。

正是由于这些特性，太阳系的边界把我们以及整个太阳系和外部的星际介质乃至银河系环境隔绝开，而这里也成为了抵御外部物质"入侵"的主战场。

### 遮挡宇宙线的保护伞 〉

如果太阳系没有边界，或者它的边界位于地球轨道之内，那么进入到太阳系内的宇宙线数量将会升高到至少目前的4倍。宇宙线通常是指由恒星爆发所产生的高能粒子，其中包括了电子、质子和其他原子核。虽然地球的磁层可以为我们抵挡部分来自太阳系以外的宇宙线，但宇宙线数量如此迅猛地提高也会大大增加能穿透地球磁层到达地球表面的高能宇宙线的数量。这将直接导致对地球臭氧层的破坏，并且还会造成对DNA的损伤和变异。

宇宙线对DNA的损害非常严重。如果细胞无法修复受损的DNA，那么细胞就会死亡。如果这一损伤被复制进了更多的细胞，那么就会造成变异。暴露在大剂量的宇宙线下会增加患癌症、白内障和神经障碍的风险。长期或者短时间高强度暴露在宇宙线下还会影响地球上生命的演化。

因此从另外一个角度来讲，

对日球层的研究将帮助我们为未来的空间旅行做好充分的防范准备。而在这一研究领域中有一个探测器不能不提，那就是美国宇航局的"星际边界探测器"（IBEX）。

2008年10月19日，IBEX使用挂载在L-1011飞机下方的"飞马"火箭发射入轨。IBEX的轨道位于地月之间5/6处，如此高的轨道使得它在大部分时间里都能免受地球磁层对其观测的干扰。但即便如此，它还是距离太阳系的边界非常遥远。不过没关系，IBEX自有高招。

IBEX是一个小型的探测器，大小和公共汽车轮胎相当。在它上面装载有用于观测太阳系边界的"望远镜"。与普通接收光的望远镜不同，这些"望远镜"是用来搜集高能中性原子（ENA）的。顾名思义，ENA其实就是快速运动的电中性粒子。ENA的前身通常是带电的离子，当这些离子和中性原

IBEX在轨的艺术构想图

子相互作用的时候,前者就会从后者那里"窃取"电子进而呈电中性。由于这些粒子本身不再带电,它们的轨迹也就不会再受到磁场的影响,因此它们会从相互作用发生的地点沿直线向外运动。

这一相互作用被称为"电荷交换"。当太阳风中的离子和星际介质中的中性原子相互作用的时候就会发生电荷交换。在整个过程中会有大量的粒子发生相互作用,由此产生的ENA也会向各个方向运动。其中一些ENA会恰好朝着IBEX运动并且被探测到,IBEX上的传感器可以探测从每小时1个到每分钟数个的ENA流量。这些来自冥王星轨道之外的粒子要花上少则1个月多则11年的时间来完成整个旅程。

IBEX上的两架"望远镜"会随着IBEX的自转收集来自天空中不同方位的ENA。在这个过程中传感器会测定它们所来自的方向、到达的时间、粒子的质

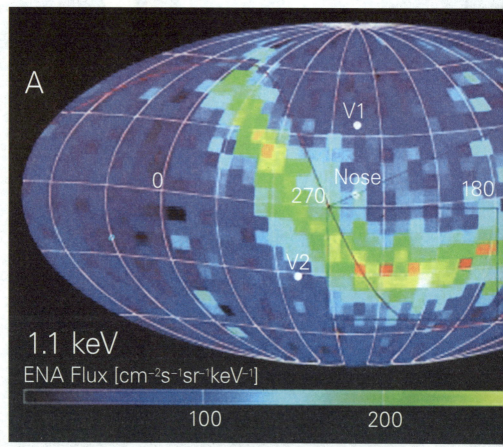

量以及能量。这就使得科学家们能绘制出一张全天的ENA分布图，而先前的两个"旅行者"号探测器只能探测星际边界上的某个局部区域，但IBEX的初步结果大大地出乎了所有人的意料。

这一全天探测能力使得IBEX发现了原先不为人知的惊人结构，在两个"旅行者"探测器之间存在一个蛇形的ENA聚集带。对这一聚集带的详细研究显示，在太阳系边界的某些局部地区离子的密度出现了大幅度的升高。科学家对这一变化的原先预期是大约10%，但实际测量的结果却为200%—300%。目前还全然不知该如何解释这一现象，这说明我们原先对太阳系边界的认识还存在不足。

50多年来，人类的触角已几乎遍及了太阳系的各个角落，但唯独它的边界还远未清晰地进入我们的视线。那里究竟还隐藏着些什么？也许只有时间和对未知的不断探索才能回答。

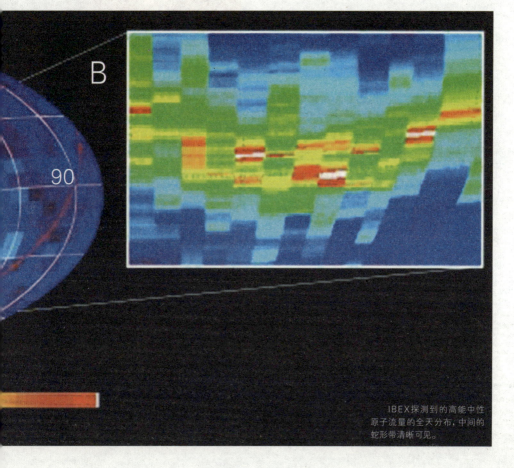

IBEX探测到的高能中性原子流量的全天分布，中间的蛇形带清晰可见。

## ● 太阳系的未解之谜

46亿年前,银河系中某个不起眼的地方正在孕育着什么。星系中弥漫的氢和氦以及固体尘埃开始凝聚并且形成分子。由于无法承载自身的质量,这一新形成的分子云便开始了坍缩。在不断加热和混合的过程中,一颗恒星诞生了。它就是我们的太阳。

目前我们还能不确切地知道到底是什么触发了这一过程。也许这一切都源自于近邻恒星爆炸死亡时所产生的激波。而类似的恒星死亡也不是非常罕见的事件。自从130亿年前银河系形成以来,类似的事情已经发生了无数次。而通过望远镜我们可以看到这些事件仍然在继续发生着。但是作为恒星来讲,太阳实在是没有什么特殊的。

然而,据我们所知太阳却是惟一的。从诞生太阳的薄盘中形成了八颗行星,一开始这些行星之间没有什么显著的“差异”。最终在太阳旁的第三颗行星上出现了生命,而这些生命也开始探索他们所在的太阳系,但时至今日依然有6个太阳系的未解之谜有待解答。

## 太阳系是如何形成的？ >

如果你看一眼太阳系的行星，你也许会认为这些行星不是太阳"亲生"的，而是被太阳"领养"的。可这些行星是如假包换的"血亲"，都是从坍缩形成太阳的分子云中形成的。你也许会认为不同天体在太阳系中的分布是无章可循的，但其实目前太阳系的结构已经达到了平衡状态，添一分则嫌"胖"，减一分则嫌"瘦"。那么这一精巧的结构是如何形成的呢？

在太阳形成的时候，它消耗了原始太阳星云中99.8%的物质。按照目前被广为接受的理论，剩下的物质在引力的作用下形成了一个围绕新生恒星的气体尘埃盘。当这个盘中的尘埃颗粒绕太阳运动的时候，它们彼此之间会发生碰撞，并且渐渐地聚合长大。在盘的最内部，由于太阳的核反应已经被点燃，因此高温使得只有金属和高熔点的含硅矿物才能幸存下来。这样一来也限制了尘埃可聚合的大小，所以这一区域中的小天体最终凝聚形成了内太阳系的4颗体型较小的岩质行星——水星、金星、地球和火星。

1 原始星云

2 旋转的圆盘

3 微行星形成

在这一区域之外则没有类似的限制，在"雪线"以外的区域甲烷和水都是以固体的形式出现的。这个区域中的行星可以长得更大，并且可以在太阳的热量把气体驱散之前吸积气体分子（主要是氢）。这就是木星和土星这样的气态巨行星以及温度更低的巨行星天王星和海王

星的最终形成过程。这也是天文学家预计这些行星在流体的表层之下有一个岩石核心的原因。

到目前为止一切都是直接。法国蔚蓝海岸天文台的亚历山德罗·莫比德利说，但当你要深入到其中的细节的时候问题就来了，吸积模型就是一个很好的范例。没有人确切知道米级的岩石是如何聚合成10千米级的小天体的。因为小型的固体天体会受到其周围气体压力的作用而最终在聚合之前便落入了太阳。最近提出的一种可能性是气体中局部湍流提供的低压使得小岩石最终合到了一起。

气态巨行星也有类似的问题。它们的岩石核心必定是在有气体的情况下聚合而成的，然后才能吸积气体。而在其他行星系统中也已经发现了非常靠近恒星的类木行星。这些行星的大小和木星相仿，但是轨道半径和地球的差

4 微行星互相撞击

5 原行星形成

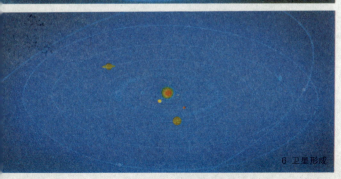

6 卫星形成

不多，甚至更小。如果在太阳系形成的早期也有一颗木星质量的行星运动到了太阳系的内部，尽管还没有确定的结论，但诸如地球这样的内行星都会被散射出太阳系。

按照美国科罗拉多大学博尔德分校的菲尔·阿米蒂奇教授的说法，没有证据显示太阳系上演过类似的情况。如果说过大的月亮是某种暗示的话，那么它也只是说明了内太阳系在岩质行星形成的最初1亿年中一直处于"动荡不安"的状态，但是很快一切就都安定了下来。根据莫比德利及其同事所提出的理论，在太阳形成之后的几亿年，在木星和土星引力的"强强联合"作用下天王星和海王星被推到了距离太阳更远的地方并且占据

了现在的位置，由此引发了外太阳系的重组和膨胀。一些小天体会就此撞向木星，而另一些则会被木星的强大引力抛射出太阳系。在整个太阳系的外围、宇宙的深处，这些未被吸积的残骸聚集到了一起形成了设想中的奥尔特云。

太阳系最近一次引力散射效应的集中体现就是它们对火星和木星之间小行星带的扰动，由此引发了40亿年前（太阳形成之后5亿—6亿年）出现的晚期大规模轰击。在这期间，大量的小天体撞击了地球和月亮，但从那以后构成太阳系的天体便又恢复了平静，进入了一种精巧的平衡状态——无疑这对于地球上生命的起源和演化来说是"无价"的。

绚丽的"贝利珠"

## 为什么太阳和月亮在天空中看上去一样大？ ＞

日全食是最壮丽的自然景观之一。如果你一辈子都呆在一个地方，那么你至少可以目睹一次日全食。如果你运气好的，也许可以看到两次。在日全食发生的时候，月亮可以完全遮挡住太阳的光芒。只有透过月面上的山谷才能有一线光线透过来，形成绚丽的"贝利珠"。

这一切都要归功于太阳和月亮的"大小"是如此的契合。太阳的直径大约是月亮的400倍，而太阳到我们的距离也正好是月亮的400倍。这两者"此消彼长"就使得太阳和月亮在天空中看上去是一样的大小，这在太阳系中的8颗行星和已知的166颗卫星中绝对是绝无仅有的。而地球也是目前已知惟一拥有生命的行星？难道这也纯属巧合？

绝大部分天文学家的观点是肯定的，但也许这些数字背后还隐藏着一些不为人知的"天机"。我们的月球是"与众不同"的。类似木星、土星、天王星和海王星这样的巨行星的卫星是通过两种方式形成的。它们要么形成于由行星引力

71

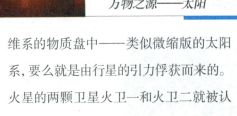

维系的物质盘中——类似微缩版的太阳系，要么就是由行星的引力俘获而来的。火星的两颗卫星火卫一和火卫二就被认为是通过第二种方式形成的，而火星也因此成为了内太阳系惟一具有两颗天然卫星的行星。

但是由于月亮相对于地球的大小来说太大了，因此无法通过这两种方式中的任意一种形成。行星科学家们相信月球的形成只有一种解释：在太阳系的最初1亿年里，小天体在太阳系里横行，其中一个火星大小的天体撞上了地球。这一碰撞完全改变了地球，由此撞击出的大量物质最终形成了个头偏大的月球。

更重要的是，这么大的月亮对于地球上的生命来说是一种恩惠。由于来自其他天体的引力作用，地球在绕其自转轴转动的同时也会自然地摆动。而月球无形的引力则抑制住了这种摆动，防止了地球自转的不稳定性以及由此造成的灾难性气候变化。而这对于地球上的生命来说是至关重要的。

地球处于太阳旁的"宜居带"中，在这个带中行星可以保持充沛的液态水。这无疑是承载生命的最重要因素。但是一个大到足以引发日全食的月亮的存在

可能也是关键的因素。如果真是这样的话，那么这将为在其他行星上搜寻生命产生重要的影响。

由于是在撞击中形成的，因此月亮正在以每年3.8厘米的速度渐渐地远离地球。于是恐龙看到的日食和我们的截

太阳

然不同。2亿年前月亮要比现在看上去大得多，可以"轻而易举"地遮挡住整个太阳。而对于几亿年之后的地球居民来说，由于月球已经变得太"小"，因此不会再有日全食发生。

我们看起来很幸运正好位于两者之间：形成于撞击的月球正在远离，与此同时它又惠及着地球上的生命。如果你足够幸运在有生之年经历过一次日全食，请想象一下这一可能：也许正是这样一个月亮才使你有幸站在那里目睹日全食的发生。

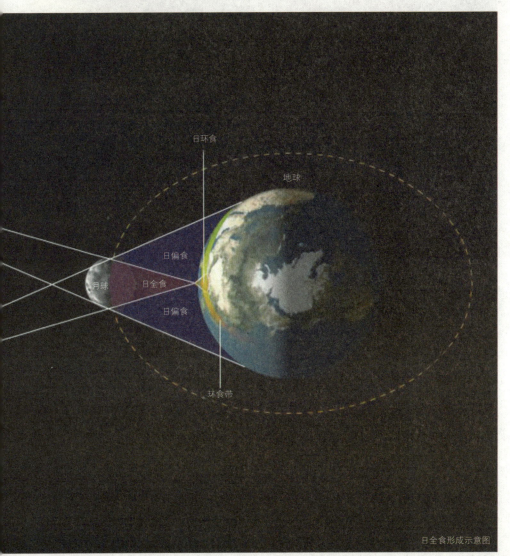

日全食形成示意图

73

### 是否存在X行星？ ＞

如果说太阳系就像一张网，那么我们并不了解这张网上的所有节点。传闻在太阳系黑暗的深处潜藏着X行星，它是一颗如火星甚至地球这么大的冰冷行星。

自从1930年发现冥王星以来，X行星将会是太阳系最重要的"扩编"。2006年国际天文学联合会为行星设立了三条标准：围绕太阳转动、在自引力下呈近似球形，并且质量足够大能清空其轨道附近

的区域，并由此将冥王星降级为矮行星。冥王星的"失利"源于第三条。因为它只是众多柯伊伯带天体中的一个，这些冰质天体都分布在海王星以外30个天文单位到50个天文单位之间的区域里。这里1个天文单位等于地球到太阳的平均距离。

任何位于柯伊伯带的天体想成为行星的话就必须清空其轨道附近的区域。

而有意思的是，对柯伊伯带的研究预示可能确实有X行星的存在。一些柯伊伯带天体的轨道可以延伸到距离太阳非常远的地方，而另一些的轨道则是长椭圆形的并且和大行星的轨道互相垂直。"这些特殊的轨道可能就是一颗大质量遥远天体摄动的结果，"美国夏威夷大学行星科学家罗伯特·杰迪克说。

但关于这一点远没有在科学家之间达成共识。尽管很难解释观测到的柯伊伯带天体的所有性质，但是巨行星轨道的向外迁移确实可以解释一些柯伊伯带天体的奇特轨道。

在过去的20多年里已经在大片的天区中搜寻了那些缓慢运动的天体，并且已

经在大片的天区中搜寻了那些缓慢运动的天体，并且已发现了超过1000颗的柯伊伯带天体。但是这些大天区的巡天只能发现大而明亮的天体，而用于寻找小而暗弱天体的长时间曝光巡天只能覆盖较小的天区。如果有一颗火星大小的天体位于距离太阳100个天文单位的地方，那么它可以轻而易举地躲过地面上的侦察。

但是这一状况马上就要被改变了。2008年12月，全景巡天望远镜和快速反应系统（Pan-STARRS）的首架原型机在夏威夷投入使用。不久装备有全世界最大的140亿像素数码相机的四架望远镜就将开始搜寻天空中任何闪烁或者运动的目标。它的主要目的是寻找对地球具有潜在威胁的小行星，但是那些外太阳系的居民也难逃它的"法眼"。

前面已提到杰迪克和他的团队目前正忙于开发可使用Pan-STARRS自动搜索这些天体的软件。他说，发现一颗遥远的行星绝对是一件令人兴奋的事情。对存在这样一颗行星的惟一解释是，它是一颗形成于在太阳系早期的大型天体，在随后和巨行星引力的相互作用中被抛射到了太阳系的外围。它的发现会佐证我们对太阳系形成的认识，也可能会成为人类迈向太阳系更深处的阶梯。

## 彗星来自何方? 〉

　　很少有"宇宙来客"能像彗星那样使得人类对它既敬畏又恐慌。特别是肉眼可见的哈雷彗星,在犹太教法典上写道:"每70年出现一次的星星会让船长们犯错。"1066年黑斯廷斯战役之前哈雷彗星犹如厄运的征兆出现在了天际,1456年教皇卡利克斯特三世将其逐出了教会。

　　而现代科学对待彗星则采取了更多实证的观点。彗星是尘埃和冰的聚合体,在大椭圆轨道上绕太阳运动。当它们靠近太阳的时候,由于太阳风的吹拂而形成了壮观的彗尾。现在我们甚至还知道它们发源自海王星轨道以外的柯伊伯带。

　　但是这里也存在着问题。诸如1997年造访地球的海尔·波普彗星,它们难得会出现在我们的天空中。因为它们的轨道非常长,因此不可能来自柯伊伯带。许多天文学家对此的结论是,我们已知的太阳系被一个巨大的、由冰质天体组成的晕所包围,这些天体是几十亿年前在巨行星的引力作用下从太阳附近被"驱逐"到这里的。

　　这一片天空中的"荒漠"被称为"奥尔特云",用以纪念1950年第一个提出它的荷兰天文学家简·亨德里克·奥尔特。这个包围着太阳系的球形物质晕还从来没有被观测到过,但是如果长周期彗星确实发源于此的话,那么奥尔特云一定是非常巨大的,它所延伸的范围可以达到柯伊伯带外边界的大约1000倍。在这样遥远的距离上,

恩克彗星的轨道

池谷·关彗星的轨道

哈雷彗星的轨道

尘埃尾

离子尾

发

核

光晕

哈雷彗星

它不再会受到太阳系行星的影响，相反银河系和近邻恒星对它的作用成为了主导。奥尔特云可能就存在于我们的太阳系向星际空间过渡的某个地方。

不幸的是，如果要在奥尔特云中搜寻X行星的话，那将是一个梦魇。对于望远镜来说，它太暗弱、太遥远也太小了。同样不幸的是，由此我们也错过了通过统计和估算这些天体的大小来重建太阳诞生地并且一窥形成巨行星原始物质的机会。

到目前为止，有关这些原初物质的信息都来自彗星和最大的柯伊伯带天体，因为它们被认为具有类似的组成。"这就像是'瞎子摸象'"美国西南研究所的行星科学家哈尔·利维森说。

尽管如此，但说不定在几十年之后人们就能描绘出这头"大象"的全貌了。奥尔特云中的天体会使得遥远恒星变暗或者发生衍射。虽然这些掩食所持续的时间只有几分之一秒，但是天文

学家将采用已经用于柯伊伯带天体上的技术来测量这些天体的大小和距离。但地球大气湍流造成的闪烁会使得地面上的望远镜无法探测到它们，不过未来空间望远镜巡天应该可以发现大量的奥尔特云天体。

除此之外还存在着其他问题。根据

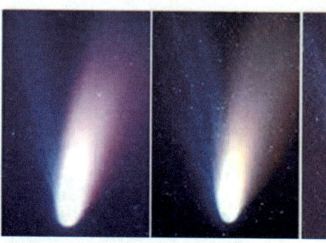

目前已知的长周期彗星的数目和轨道估计，奥尔特云中含有千亿个直径大于1千米的天体，它们的总质量可以达到地球的几倍。利维森说，这么多的物质超出了目前的太阳系形成理论可解释的范围，这说明还需要对我们现有的模型进行细致的检查。

简·亨德里克·奥尔特

各种海尔·波普彗星图

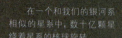

## 太阳系是惟一的吗？

自从1992年发现了第一颗绕其他恒星转动的行星以来，已经发现了大约280颗太阳系外行星。而这其中的绝大部分和我们的太阳系大相径庭。这些太阳系外行星主要是通过它们的引力对恒星的扰动而被发现的。行星越小，它对恒星的影响也越小。因此目前的技术还无法探测到类地行星对恒星所产生的扰动。

绝大多数已知的太阳系外行星是大小和木星或者海王星相仿的气态巨行星，它们到各自恒星的距离也只有几个天文单位。据估计大约6%—7%的类太阳恒星会具有类似的行星。而恒星具有和木星类似距离的气态巨行星的概率目前还不得而知。原因是它们绕恒星转动一圈大约要花上10年甚至更长的时间，因此对它们引力扰动的测量也要花上至少这么长的时间。

按照太阳系形成的标准图像，气态巨行星不会形成于非常靠近恒星的地方，因为恒星的热量会阻碍较大的岩质核心的形成。另外，太阳系中行星的轨道都是近圆的，而这些太阳系外气态巨行星的轨道却都是长椭圆的。也许这就是答案：绝大多数的行星系统具有比我们的太阳系更变化多端的历史。本来距离较远的巨行星为了获得"生存空间"竞相将对方"挤"入了特殊的轨道。

在知道观测极限之前，我们很难得到确定

在一个和我们的银河系相似的星系中，数十亿颗星绕着星系的核球旋转。

的结论。"也许在我们眼中太阳系的历史已经是够'血腥'的了，因为这是我们能看到的惟一样本，"美国科罗拉多大学的博尔德分校菲尔·阿米蒂奇教授说。两个高灵敏度的空间行星探测计划将会帮助我们降低这里的不确定性，其中一个是2006年12月发射的由法国主导的"科罗"外星行星探测器，另一个是于2009年3月发射的美国宇航局的"开普勒"探测器。

它们预计可以发现10个左右的"超级地球"——质量为地球几倍的行星。如果有关太阳系形成的理论是正确的话，这些岩质行星应该和我们的地球非常相似。取决于大气中温室效应和云的冷却作用，两颗行星Gliese 581c和d到它们恒星的距离可以使得在其表面有液态水存在。

还有其他线索也表明岩质行星要比我们所想象的更普遍。2008年美国宇航局斯必泽空间望远镜的观测显示，年轻恒星周围尘埃的碰撞直接和行星形成有关，而且岩质行星的形成率可以达到20%—60%。

但斯必泽空间望远镜对老年恒星周围尘埃的观测则显示，形成可承载生命的岩质行星的前景并不那么乐观。10个太阳系外行星系统有9个含有比太阳系更多的尘埃，在某些情况下甚至可以达到太阳系的20倍甚至更多。而行星形成过程是一个在恒星诞生之后1亿年内就应该完成的短暂过程，因此这些尘埃可能是随后盘中的彗星彼此剧烈碰撞的残骸。

幸运的是，我们的内太阳系有一个忠实的守卫者。距离更远的巨行星——尤其是木星——通常会在彗星有机会进入内太阳系之前就把它们给散射出去了。

"最终，'太阳系是否惟一'这个问题还有待我们在观测到了类地太阳系外行星和其外围更远的巨行星之后才能回答，"美国亚利桑那大学的乔纳森·卢宁说，"但目前我们还无法简单而正确地回答对这个问题。"

## 太阳系最后将如何终结？ ＞

我们生活在一个无趣的时代。因为早在最初的1亿年里行星便已经形成，现在行星都在有序地绕太阳转动，而太阳也在稳定地燃烧，生命也在太阳旁的第三颗行星上繁衍生息。一切都很平静。

但这份平静并不是永远的，在平静的背后还隐藏着"危机"。

我们的太阳终有一天是会死亡的，当然这是在大约60亿年之后。但是在那之前事情就会变得越来越棘手。目前稳定的太阳系到时候就会陷入混乱。即便是最小的不规则性也会随着时间累积，最终改变行星的轨道。从现在到太阳死亡，计算发现出现灾变的可能性大约为2%。火星有可能太靠近木星，进而被抛射出太阳系。如果我们"背"到极点的话，狂奔的水星会和地球相撞。

与此同时，太阳也会慢慢地变亮。在20亿年里，太阳就有可能会杀死地球表面的所有生命。而另一方面，如果火星仍然处于现在的位置的话，火星就会出现宜人的气候。即使现在的火星是死气沉沉的，但到时候就会生机盎然。

然而这一切也不会永远存在。当太阳的核心氢耗尽时，太阳的整体结构就会发生重大的变化。它的体积会渐渐地膨胀到目前的100万倍，成为一颗红巨星。而按照最新的数值模拟，当太阳成为红巨星的时候就会吞噬水星、金星，可能还有地球。

此时占据整个天空的太阳会把火星变成炼狱，而土星和木星冰冷的卫星则会开始焕发出生机。由于已经具备了丰富的有机分子，因此土星的卫星土卫六特别有希望。在红巨星的加热下，曾经冰封的土卫六会浸浴在全球性的氨水海洋中，而这一海洋中的有机分子也许会形成生命。

任何漂浮在这些卫星表面的生物也会看到和我们截然不同的天空。到那个时候，银河系也许已经和近邻的仙女星系发生了碰撞，正在形成"银河仙女星系"。由此触发的大规模恒星形成过程

46亿年前，太阳核心温度高达开氏1000万度，引发氢核聚变。

氢

现在的太阳借由稳定的核聚变反应，可以使核心再燃烧50亿年。

氢

氢

氢

氢

50亿年后，太阳已将大部分的氢融聚为氦，于是太阳扩大成为更大更亮的恒星。

又孕育了大量新一代的行星系统，并且照亮了天空。

如果在太阳系晚期还会出现生命，这些生命持续的时间都不会很长。在度过了短暂的红巨星阶段以后，太阳内部的核反应会最终停止，它会抛射出它的外部

包层并且收缩成一颗白矮星。经历了短暂温暖期的土卫六又会再一次被冰封。木星和土星等外太阳系天体会继续围绕已变成白矮星的太阳转动几百亿年，直到由于来自内部或者外部的某种因素打破这一"平衡"。木星或者土星可能会散射掉那些质量较小的同伴，例如天王星或者海王星。而偶然从太阳系旁经过的恒星也有可能会剥离掉其中的行星，甚至连质量最大的木星也未必能幸免。

氢

氦

70亿年后，核心的火因为大部分的氢消失而减弱，核心也受到自己重量的压力而坍陷。太阳收缩时产生的热，使本身体积扩大成为红巨星。

氢耗完后，太阳结束红巨星的阶段。剩余的氢开始爆炸聚变，摧毁太阳的各个外层。

没有各外层后，太阳只剩下非常密集的核心，它成了白矮星。

白矮星冷却成红矮星，即将成为冰冷的黑矮星。

不过太阳系的未来还是不确定的，有着各种各样的变数。还有一种微小的可能性是太阳系整个会被"甩"出银河仙女星系。在空旷的星系际空间里，行星可以免受"掠食者"的袭击。它们会继续绕

着太阳转动，但是它们的能量会被引力波渐渐地带走。于是行星就会一个接一个地"掉"向中心已经变成黑矮星的太阳，并且以一阵划破黑暗的闪光结束它们的一生。

# ● 太阳活动

太阳看起来很平静,实际上无时无刻不在发生剧烈的活动。太阳由里向外分别为太阳核反应区、太阳对流层、太阳大气层。其中心区不停地进行热核反应,所产生的能量以辐射方式向宇宙空间发射。其中二十二亿分之一的能量辐射到地球,成为地球上光和热的主要来源。太阳表面和大气层中的活动现象,诸如太阳黑子、耀斑和日冕物质喷发等,会使太阳风大大增强,造成许多地球物理现象——例如极光增多、大气电离层和地磁的变化。太阳活动和太阳风的增强还会严重干扰地球上无线电通讯及航天设备的正常工作,使卫星上的精密电子仪器遭受损害,地面通讯网络、电力控制网络发生混乱,甚至可能对航天飞机和空间站中宇航员的生命构成威胁。因此,监测太阳活动和太阳风的强度,适时做出"空间气象"预报,显得越来越重要。

耀斑喷射到1.3万千米高,形成一个
火拱门。整个地球可以纳入这个拱门内。

### 日浪 〉

日浪是太阳光球层物质的一种抛射现象。通常发生在太阳黑子上空，具有很强的重复出现的本领，当一次冲浪沿上升的路径下落后，又会触发新的冲浪腾空而起，如此重复不断，但其规模和高度则一次比一次小，直至消失。位于日面边缘的冲浪表现为一个小而明亮的小丘，顶部以尖钉形状向外急速增长。上升的高度各不相等，小冲浪只有区区几百千米，大冲浪则可达5000千米，最大的竟达1—2万千米。抛射的最大速度每秒可达100—200千米，要比最快的侦察机快100多倍。当它们到达最高点后，受太阳引力的影响，便开始下降，直至返回到太阳表面。人们从高分辨率的观测资料中发现，冲浪是由非常小的一束纤维组成，每条纤维间相距很小，作为整体一起发亮，一起运动。

## 日珥 〉

日珥是突出在日面边缘外面的一种太阳活动现象。日珥出现时，大气层的色球酷似燃烧着的草原，玫瑰红色的舌状气体如烈火升腾，形状千姿百态，有的如浮云，有的似拱桥，有的像喷泉，有的酷似团团草丛，有的美如节日礼花，而整体看来它们的形状恰似贴附在太阳边缘的耳环，由此得名为"日珥"。日珥的上升高度约几万千米，大的日珥可高于日面几十万千米，一般长约20万千米，个别的可达150万千米。日珥的亮度要比太阳光球层暗弱得多，所以平时不能用肉眼观测到它，只有在日全食时才能直接看到。日珥是非常奇特的太阳活动现象，其温度在5000—8000开之间，大多数日珥物质升到一定高度后，慢慢地降落到日面上，但也有一些日珥物质漂浮在温度高达200万开的日冕低层，既不附落，也不瓦解，就像炉火熊熊的炼钢炉内居然有一块不化的冰一样的奇怪物质。而且，日珥物质的密度比日冕高出1000—10000倍，两者居然能共存几个月，实在令人费解。

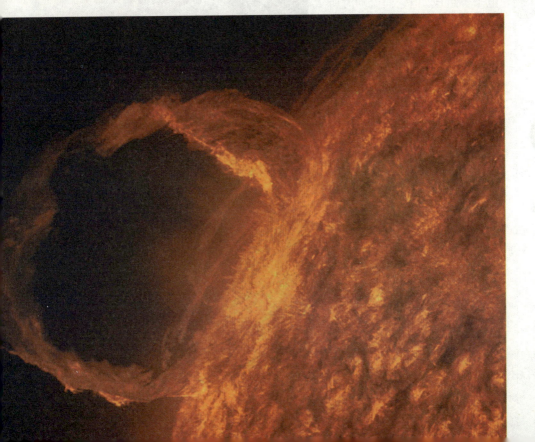

## 太阳风 〉

太阳风是从恒星上层大气射出的超声速等离子体带电粒子流。在不是太阳的情况下，这种带电粒子流也常称为"恒星风"。太阳风是一种连续存在，来自太阳并以200—800千米/秒的速度运动的等离子体流。这种物质虽然与地球上的空气不同，不是由气体的分子组成，而是由更简单的比原子还小一个层次的基本粒子——质子和电子等组成，但它们流动时所产生的效应与空气流动十分相似，所以称它为太阳风。

太阳风有两种：一种持续不断地辐射出来，速度较小，粒子含量也较少，被称为"持续太阳风"；另一种是在太阳活动时辐射出来，速度较大，粒子含量也较多，这种太阳风被称为"扰动太阳风"。扰动太阳风对地球的影响很大，当它抵达地球时，往往引起很大的磁暴与强烈的极光，同时也产生电离层骚扰。

## 太阳风与极光

　　极光是由于太阳风进入地球磁场，使高层大气分子或原子激发或电离而产生的大气中的彩色发光现象，一般呈带状、弧状、幕状、放射状，这些形状有时稳定有时作连续性变化。在南极称为南极光，在北极称为北极光。

　　极光多种多样，五彩缤纷，形状不一，绮丽无比，在自然界中还没有哪种现象能与之媲美。任何彩笔都很难绘出那在严寒的两极空气中嬉戏无常、变幻莫测的炫目之光。极光有时出现时间极短，犹如节日的焰火在空中闪现一下就消失得无影无踪；有时却可以在苍穹之中辉映几个小时；有时像一条彩带，有时像一团火焰，有时像一张五光十色的巨大银幕，仿佛上映一场球幕电影，给人视觉上以美的享受。

　　极光是来自太阳活动区的带电高能粒子(可达1万电子伏)流使高层大气分子或原子激发或电离而产生的。由于地磁场的作用，这些高能粒子转向极区，所以极光常见于高磁纬地区。在大约离磁极25°—30°的范围内常出现极光，这个区域称为极光区。在地磁纬度45°—60°之间的区域称为弱极光区，地磁纬度低于45°的区域称为微极光区。极光下边界的高度，离地面不到100千米，极大发光处的高度离地面约110千米左右，正常的最高边界为离地面300千米左右，在极端情况下可达1000千米以上。根据近年来关于极光分布情况的研究，极光区的形状不是以地磁极为中心的圆环状，而是卵形。极光的光谱线范围约为3100—6700埃，其中最重要的谱线是5577埃的氧原子绿线，称为极光绿线。

　　可以说极光产生的条件有三个：大气、磁场、高能带电粒子，这三者缺一不可。极光不只在地球上出现，太阳系内的其他一些具有磁场的行星上也有极光。

### 太阳耀斑 >

1859年9月1日，两位英国的天文学家分别用高倍望远镜观察太阳。他们同时在一大群形态复杂的黑子群附近，看到了一大片明亮的闪光发射出耀眼的光芒。这片光掠过黑子群，亮度缓慢减弱，直至消失。这就是太阳上最为强烈的活动现象——耀斑。由于这次耀斑特别强大，在白光中也可以见到，所以又叫"白光耀斑"。白光耀斑是极罕见的，它仅仅在太阳活动高峰时才有可能出现。耀斑一般只存在几分钟，个别耀斑能长达几小时。在耀斑出现时要释放大量的能量。一个特大的耀斑释放的总能量高达$10^{26}$焦耳，相当于100亿颗百万吨级氢弹爆炸的总能量。耀斑是先在日冕低层开始爆发的，后来下降传到色球。用色球望远镜观测到的是后来的耀斑，或称为次级耀斑。

耀斑按面积分为4级，由1级至4级逐渐增强，小于1级的称亚耀斑。耀斑的显著特征是辐射的品种繁多，不仅有可见光，还有射电波、紫外线、红外线、X射线和伽玛射线。耀斑向外辐射出大量紫外线、X射线等，到达地球之后，就会严重干扰电离层对电波的吸收和反射作用，使得部分或全部短波无线电波被吸收掉，短波衰弱甚至完全中断。

太阳耀斑是一种剧烈的太阳活动。一般认为发生在色球层中，所以也叫"色球爆发"。其主要观测特征是，日面上(常在黑子群上空)突然出现迅速发展的亮斑闪耀，其寿命仅在几分钟到几十分钟之间，亮度上升迅速，下降较慢。特别是在太阳活动峰年，耀斑出现频繁且强度变强。

别看它只是一个亮点，一旦出现，简直是一次惊天动地的大爆发。这一增亮释放的能量相当于10万至100万次强火山爆发的总能量，或相当于上百

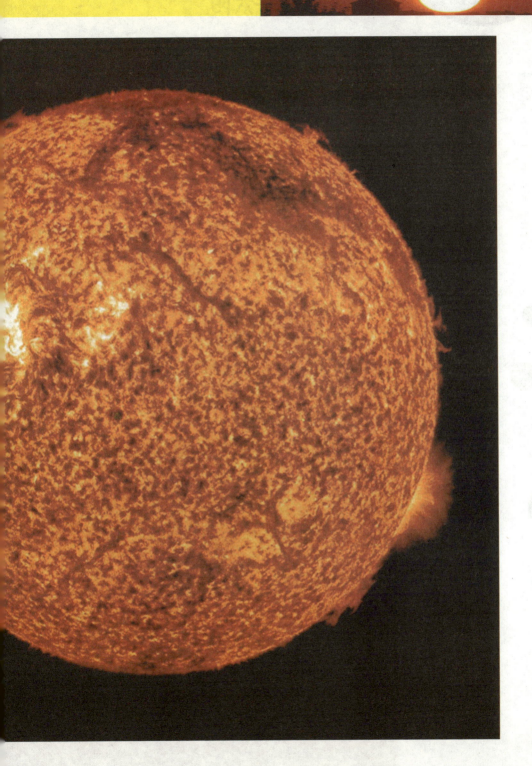

亿枚百吨级氢弹的爆炸；而一次较大的耀斑爆发，在一二十分钟内可释放$10^{25}$焦耳的巨大能量。

除了日面局部突然增亮的现象外，耀斑更主要表现在从射电波段直到X射线的辐射通量的突然增强；耀斑所发射的辐射种类繁多，除可见光外，有紫外线、X射线和伽玛射线，有红外线和射电辐射，还有冲击波和高能粒子流，甚至有能量特高的宇宙射线。

耀斑对地球空间环境造成很大影响。太阳色球层中一声爆炸，地球大气层即刻出现缭绕余音。耀斑爆发时，发出大量的高能粒子到达地球轨道附近时，将会严重危及宇宙飞行器内的宇航员和仪器的安全。当耀斑辐射来到地球附近时，与大气分子发生剧烈碰撞，破坏电离层，使它失去反射无线电电波的功能。无线电通信尤其是短波通信，以及电视台、电台广播，会受到干扰甚至中断。耀斑发射的高能带电粒子流与地球高层大气作用，产生极光，并干扰地球磁场而引起磁暴。

此外，耀斑对气象和水文等方面也有着不同程度的直接或间接影响。正因为如此，人们对耀斑爆发的探测和预报的关切程度与日俱增，正在努力揭开耀斑的奥秘。

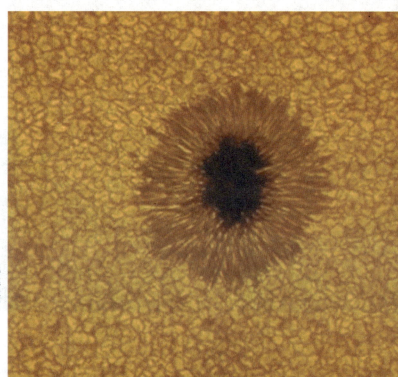

近期美国地面望远镜可见光下拍摄到的迄今最详细的太阳耀斑，其直径超过地球。

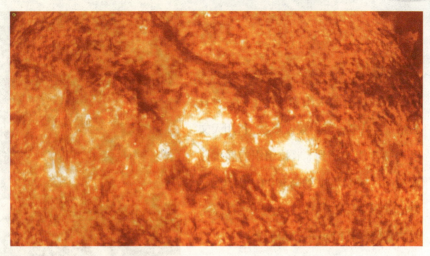

## 光斑 〉

　　光斑是太阳光球层上比周围更明亮的斑状组织，用天文望远镜对它观测时，常常可以发现：在光球层的表面有的明亮有的深暗。这种明暗斑点是由于这里的温度高低不同而形成的，比较深暗的斑点叫做"太阳黑子"，比较明亮的斑点叫做"光斑"。光斑常在太阳表面的边缘"表演"，却很少在太阳表面的中心区露面。因为太阳表面中心区的辐射属于光球层的较深气层，而边缘的光主要来源光球层较高部位，所以，光斑比太阳表面高些，可以算得上是光球层上的"高原"。光斑也是太阳上一种强烈风暴，天文学家把它戏称为"高原风暴"。不过，与乌云翻滚，大雨滂沱，狂风卷地百草折的地面风暴相比，"高原风暴"的性格要温和得多。光斑的亮度只比临近光球层略强一些，一般只大10%；温度比临近光球层高300℃。许多光斑与太阳黑子还结下不解之缘，常常环绕在太阳黑子周围"表演"。少部分光斑与太阳黑子无关，活跃在70°高纬区域，面积比较小，光斑平均寿命约为15天，较大的光斑寿命可达三个月。光斑不仅出现在光球层上，色球层上也有它活动的场所。当它在色球层上"表演"时，活动的位置与在光球层上露面时大致吻合。不过，出现在色球层上的不叫"光斑"，而叫"谱斑"。实际上，光斑与谱斑是同一个整体，只是因为它们的"住所"高度不同而已，这就好比是一幢楼房，光斑住在楼下，谱斑住在楼上。

WANWUZHIYUAN——TAIYANG

### 米粒组织 〉

米粒组织是太阳光球层上的一种日面结构。呈多角形小颗粒形状,得用天文望远镜才能观测到。米粒组织的温度比米粒间区域的温度约高300℃,因此,显得比较明亮易见。虽说它们是小颗粒,实际的直径也有1000—2000千米。

明亮的米粒组织很可能是从对流层上升到光球的热气团,不随时间变化,均匀分布,且呈现激烈的起伏运动。米粒组织上升到一定的高度时,很快就会变冷,并马上沿着上升热气流之间的空隙处下降;寿命也非常短暂,来去匆匆,从产生到消失,几乎比地球大气层中的云消烟散还要快,平均寿命只有几分钟。此外,近年来发现的超米粒组织,其尺度达3万千米左右,寿命约为20小时。

有趣的是,在老的米粒组织消逝的同时,新的米粒组织又在原来位置上很快地出现,这种连续现象就像我们日常所见到的沸腾米粥上不断地上下翻腾的热气泡。

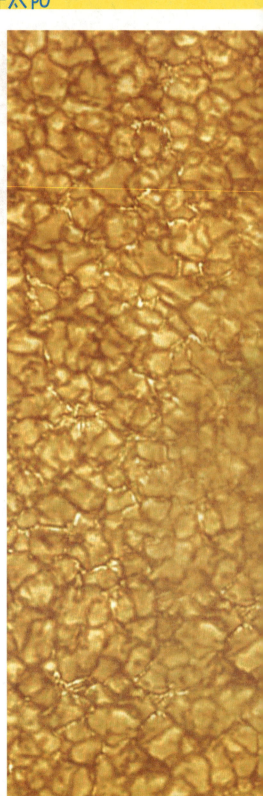

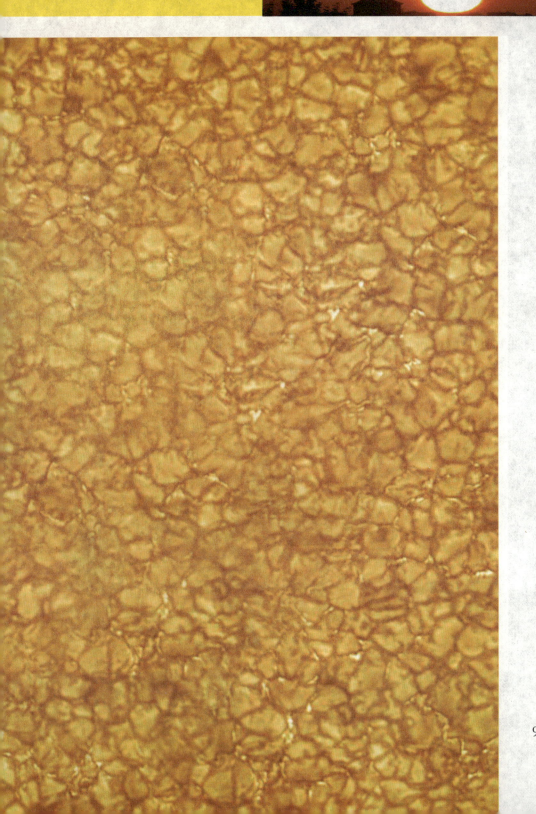

# 太阳黑子

4000年前我们的祖先就用肉眼观察到了像3条腿的乌鸦的黑子，其实通过光学望远镜我们可以看到光球上有很多黑色斑点，它们就是"太阳黑子"。太阳黑子在日面上的大小、多少、位置和形态等，每天都不同。太阳黑子是光球层物质剧烈运动而形成的局部强磁场区域，也是光球层活动的重要标志。长期观测太阳黑子就会发现，有的年份黑子多，有的年份黑子少，有时甚至几天、几十天日面上都没有黑子。天文学家们早就注意到，太阳黑子从最多或最少的年份到下一次最多或最少的年份，大约相隔11年。也就是说，太阳黑子有平均11年的活动周期，这也是整个太阳的活动周期。在开始的4年左右时间里，黑子不断产生，越来越多，活动加剧，在黑子数达到极大的那一年，称为太阳活动峰年。在随后的7年左右时间里，黑子活动逐渐减弱，黑子也越来越少，黑子数极小的那一年，称为太阳活动谷年。国际上规定，从1755年起算的黑子周期为第一周，然后顺序排列。1999年开始为第23周。

太阳黑子是在太阳的光球层上发生的一种太阳活动，是太阳活动中最基本、最明显的一种。一般认为，太阳黑子实际上是太阳表面一种炽热气体的巨大旋涡，温度大约为4500摄氏度。因为其温度比太阳的光球层表面温度要低1000到2000摄氏度(光球层表面温度约为6000摄氏度)，所以看上去像一些深暗色的斑点。太阳黑子很少单独活动，通常是成群出现。黑子的活动周期为11.2年，活跃时会对地球的磁场产生影响，主要是使地球南北极和赤道的大气环流作径向流动，从而造成恶劣天气，使气候转冷。严重时会对各类电子产品和电器造成损害。

太阳黑子虽然颜色较深，但是在观测情况下，与太阳耀斑同样清晰、同样显眼。

太阳黑子爆炸

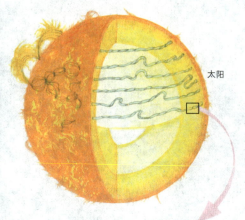

太阳

## 太阳黑子特性 〉

太阳黑子产生的带电离子，可以破坏地球高空的电离层，使大气发生异常，还会干扰地球磁场，从而使电讯中断。一个发展完全的黑子由较暗的核和周围较亮的部分构成，中间凹陷大约500千米。黑子经常成对或成群出现，其中由两个主要的黑子组成的居多。一个叫做"前导黑子"，另外一个叫做"后随黑子"。一个小黑子大约有1000千米，而一个大黑子则可达20万千米。

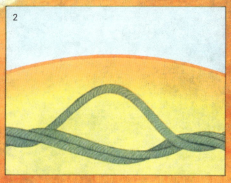

光球层

对流层

磁通量管

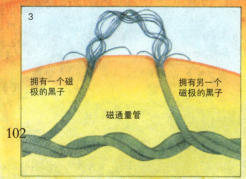

拥有一个磁极的黑子　　　拥有另一个磁极的黑子

磁通量管

对流层

磁通量管

## 太阳黑子的成因 >

太阳黑子的形成与太阳磁场有密切的关系。但是它到底是如何形成的，天文学家对这个问题还没有找到确切的答案。不过科学家推测，极有可能是强烈的磁场改变了某片区域的物质结构，从而使太阳内部的光和热不能有效地到达表面，形成了这样的"低温区"。黑子越多可能说明太阳越老，可能也是所有恒星寿命的一般特征，黑子附近的周边应该比太阳正常的地方温度高一些(此消彼长的原因)，黑子向低纬度运动是因为太阳密度小和自转的原因，就像地球上的大陆板块向低纬度运动一样，有黑子的地方存在凹陷500千米可能是温度低而不再膨胀的原因。

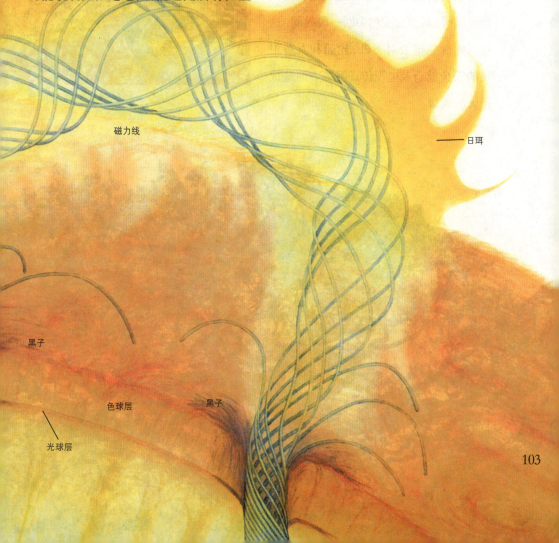

磁力线

日珥

黑子

色球层

黑子

光球层

103

## 太阳黑子对地球的影响 〉

太阳是地球上光和热的源泉,它的一举一动,都会对地球产生各种各样的影响。黑子是太阳上物质一种激烈的活动现象,所以对地球的影响很明显。

当太阳上有大群黑子出现的时候,出现的磁暴现象会使指南针乱抖动,不能正确地指示方向;平时很善于识别方向的信鸽会迷路;无线电通讯也会受到严重阻碍,甚至会突然中断一段时间,这些反常现象将会对飞机、轮船和人造卫星的安全航行及电视传真等等方面造成很大的威胁。

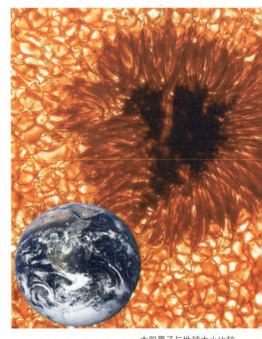

太阳黑子与地球大小比较

黑子还会引起地球上气候的变化。100多年以前，一位瑞士的天文学家就发现，黑子多的时候地球上气候干燥，农业丰收；黑子少的时候气候潮湿，暴雨成灾。我国的著名科学家竺可桢也通过研究得出结论，凡是中国古代书上对黑子记载得多的世纪，也是中国范围内特别寒冷的冬天出现得多的世纪。还有人统计了一些地区降雨量的变化情况，发现这种变化也是每过11年重复一遍，很可能也跟黑子数目的增减有关系。

研究地震的科学工作者发现，太阳黑子数目增多的时候，地球上的地震也多。地震次数的多少，也有大约11年左右的周期性。

植物学家也发现，树木的生长情况也随太阳活动的11年周期而变化。黑子多的年份树木生长得快；黑子少的年份就生长得慢。

更有趣的是，黑子数目的变化甚至还会影响到我们的身体，人体血液中白血球数目的变化也有11年的周期性。这其中是否具有密切的关联，还有待科学家的进一步研究。

> ### 太阳黑子的观测历史

世界上最早的太阳黑子的记录是中国公元前140年前后成书的《淮南子》中记载的："日中有踆乌。"《汉书·五行志》中对公元前28年出现的黑子记载则更为详细："河平元年，三月乙未，日出黄，有黑气大如钱，居日中央。"从汉朝的河平元年，到明朝崇祯年间，大约记载了100多次有明确日期的太阳黑子的活动。在这些记载中，人们对太阳黑子的形状、大小、位置甚至变化都有详细的记载。

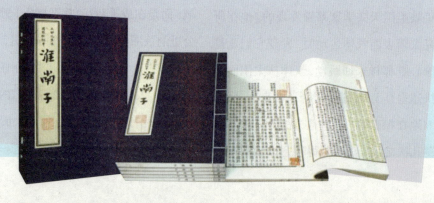

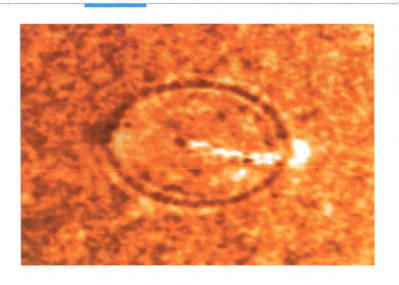

## 日震——太阳的振荡

"地震"这个名词，我们都是很熟悉的。"月震"，也并不太生疏，它是月壳的一种不稳定现象。1969年，美国"阿波罗11号"飞船的宇航员在月面上装置了第一台月震仪之后，记录到每天平均约有一次月震，而且都是很微弱的。

太阳有"日震"吗？有。日震极为复杂，规模宏伟壮观，景象惊心动魄，地震根本无法与之相比。日震最初是在1960年被美国天文学家莱顿发现的。他在研究太阳表面气体运动时，发现它们竟是像心脏那样来回跳动，气体从太阳面上快速垂直上升，随后再降落下来，一胀一缩地在振荡着。一些地方的气体急剧振荡几次之后，好像跑得很急之后的喘口

气那样缓和一段时间，接着又开始新的一轮振荡。这种振荡平均每5分钟（精确地说，应该是296±3秒）周期性地上下起伏重复一次，被称做"5分钟振荡"。

进一步的观测研究表明，在一次振荡中，气体上下起伏的范围可以达到好几十千米，这对于直径达139万多千米的太阳来说，自然算不了什么。使人惊讶的是，发生振荡的不是太阳面上的一小片区域，而是在成千上万、甚至好几十万平方公里的范围内，气体物质联成一片，好像在同一声口令下同起同落。并且在任何一个时刻，太阳面上都有约2/3左右的地方在做这种有规律的振荡。如此大面积的振荡真可以说是蔚为奇观，请你想一想，

比地球大好几倍的一片火海，其上火舌瞬息万变，火"波"汹涌澎湃，一会儿上升，一会儿又很快下降，最生动的笔恐怕也难确切地描述其全貌。

5分钟振荡的发现是天文学，特别是太阳物理研究中的一件大事，有着划时代的意义。

我们知道，科学家对地震波进行研究之后，才得以了解地球内部结构，我们现在掌握的这方面知识，几乎都是这样得来的。太阳内部我们更是无法直接看

到，而所谓的太阳振荡即日震，它的发现无异于为科学家们送来了一具可"窃听"太阳内部深处的听诊器，各国科学家立即对之表现出巨大的兴趣。

譬如说：太阳大气层最靠里面的那一层叫光球，它也就是我们平常看到的太阳表面层。在光球下面的是对流层，这是很重要的一层，它起着承内启外的作用。可是，我们无法看到它。而根据对5分钟振荡的观测和有关理论，我们相信，对流层的厚度大体上是20万千米。当然，也

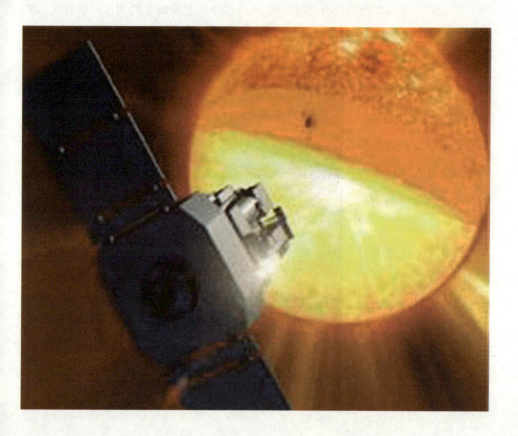

有人认为对流层只是很薄的一层。

太阳的5分钟振荡一般被看做是太阳大气中的现象，那么，是否可能它也是周期更长的太阳整体振荡的组成部分呢？

从20世纪70年代开始，一些科学家设法寻找频率更低、周期更长的太阳整体振荡。1976年，苏联克里米亚天体物理天文台的科学家们在研究光球层时，发现太阳表面存在着一种重要的振荡，周期是160分钟，每次振荡太阳都增大约10千米，随后又恢复到原先的状态。

苏联科学家的发现很快由美国斯坦福大学的一批研究人员予以证实。后来，人们从苏联和美国的资料中，进一步得出更精确的周期为160.01分钟。不过，在相当长的一段时期里，有人怀疑太阳的160分钟振荡是否与地球大气抖动有关。法国和美国的一个联合观测小组，成功地在南极进行了长达128小时的连续观测之后，最终把怀疑排除了。地球北半球是冬季时，南半球是

夏季，南极是极昼，即24小时太阳都在天空中，连续观测中就不存在大气周日活动的影响问题。以160分钟为整日的太阳整体振荡得到确认，它确实来自于太阳本身。

在研究5分钟振荡等的时候，科学家们出乎意料地发现，它们竟然还可以分解为上百个长短不等的小周期，短的只3分钟，长的有3小时。这些五花八门的小周期叠加在一起，真有点使人眼花缭乱，它们之间究竟有些什么内在的联系？或者这些错综复杂的小周期预示着什么？现在确实还无可奉告。

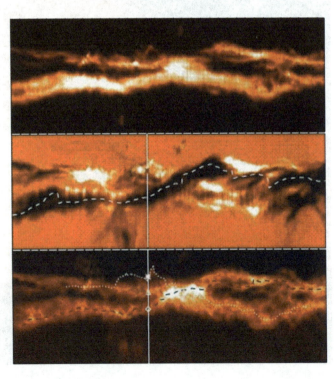

20世纪60年代，美国科学家迪克发现太阳并非是个圆气体球，它的两极略扁，赤道部分则略微凸起。1983年，迪克本人的观测结果表明，太阳的形状并非固定不变，它的扁率发生周期振动，周期是12.64天。

有意思的是，另一批美国科学家从水星的运动中，也发现了太阳的振荡现象。1982年，美国高空观测研究所等单位的研究人员，收集了从18世纪以来的、长达265年的水星绕太阳运动的资料，以及好几十组日食发生时间的数据。综合分析的结论是：太阳直径又胀又缩，像是个一会儿充满气，一会儿又放掉了点气的大皮球，这种被他们称为"太阳颤抖"的振荡现象的周期，被定为76年，最大的变化率可以达到0.8角秒。

近些年来，有人从44520个太阳黑子数的分析中，得出其峰值有12.07天的周期。也有人从太阳自转速度随纬度高低而不同的所谓"较差自转"中，导出16.7天的周期。此外，还有人认为存在着好几个7—50分钟的周期；160—370分钟周期范围内，也还存在着太阳整体振荡等等。

日食记载也为此提供了新论据。一些科学家详细研究了8次日全食的资料，其中最早的一次是1715年5月3日在英国可见的日全食，最晚的一次发生在1984

年5月31日。分析得出：269年间，太阳直径有类似脉搏跳动那样的振动现象，周期不详，但总的说来变化不算大，只有1.24角秒，大致是太阳角直径的1／1600。

研究和探测太阳内部结构是天文学家们长期的重要课题，也是很难顺利展开的课题。已经建立起来的理论和假说，有的未能通过实践的检验，有的显露出很大的缺陷，这类事情常有发生。正当科学家们一筹莫展、陷入重重困难的时候，日震被发现了，他们怎能不喜上眉梢了！

在不算长的几十年时期内，日震学已显示出其强大的生命力，太阳的内部结构，各层次的温度、压力、密度、化学组成、自转和运动情况等等，无不通过太阳振动的研究而获得了大量前所未知的信息。说实在的，这些信息对于建立和完善已有理论，譬如黑子是怎么产生的、黑子周期的本质等，都是必不可少的。科学家们相信，日震与地震的某些性质应该或可能有相似之处，运用我们已掌握的对地震波的研究成果，再经过一段时间的观测和探索，我们一定会越来越深入地认识我们的这个太阳，再扩大一步来说，乃至其他恒星。

我们也不必讳言，到目前为止，太阳整体振荡为我们解决的问题只是初步的，还远没有它提出的问题那么多。太阳整体振荡是怎么产生的？从各种不同角度导出的种种周期与整体振荡是什么关系？各种周期之间又是什么关系？这些都还是未知数。有待科学家的进一步探索和研究。

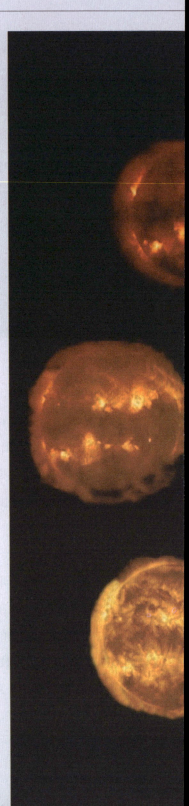

110

# ● 日食

日食在月球运行至太阳与地球之间时发生。这时对地球上的部分地区来说，月球位于太阳前方，因此来自太阳的部分或全部光线被挡住，因此看起来好像是太阳的一部分或全部消失了。

日食发生时，在地球上月影里(月影：月亮投射到地球上产生的影子)的人们开始看到阳光逐渐减弱，太阳面被圆的黑影遮住，天色转暗，全部遮住时，天空中可以看到最亮的恒星和行星，几分钟后，从月球黑影边缘逐渐露出阳光，开始发光、复圆。由于月球比地球小，只有在月影中的人们才能看到日食。月球把太阳全部挡住时发生日全食，遮住一部分时发生日偏食，遮住太阳中央部分发生日环食。发生日全食的延续时间不超过7分31秒。日环食的最长时间是12分24秒。法国的一位天文学家为了延长观测日全食的时间，他乘坐超音速飞机追赶月亮的影子，使观测时间延长到了74分钟。我国有世界上最古老的日食记录，公元前一千多年已有确切的日食记录。日食一般发生在农历的初一。

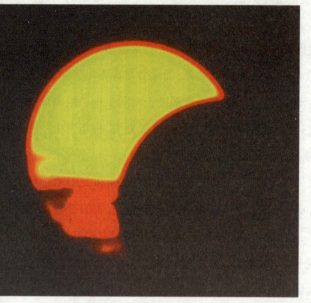

## 对于日食的科学解释 〉

日食、月食是光在天体中沿直线传播的典型例证。月亮运行到太阳和地球中间并不是每次都发生日食，发生日食需要满足两个条件。其一，日食总是发生在朔日(农历初一)。也不是所有朔日必定发生日食，因为月球运行的轨道(白道)和太阳运行的轨道(黄道)并不在一个平面上。白道平面和黄道平面有5°9′的夹角。其二，太阳和月球都移到白道和黄道的交点附近，太阳离交点处有一定的角度(日食限)。

由于月球、地球运行的轨道都不是正圆，日、月同地球之间的距离时近时远，所以太阳光被月球遮蔽形成的影子，在地球上可分成本影、伪本影(月球距地球较远时形成的)和半影。观测者处于本影范围内可看到日全食；在伪本影范围内可看到日环食；而在半影范围内只能看到日偏食。

月球表面有许多高山，月球边缘是不整齐的。在食既或者生光到来的瞬间月球边缘的山谷未能完全遮住太阳时，未遮住部分形成一个发光区，像一颗晶莹的"钻石"；周围淡红色的光圈构成钻戒的"指环"，整体看来，很像一枚镶嵌着璀璨宝石的钻戒，叫"钻石环"。有时形成许多特别明亮的光线或光点，好像在太阳周围镶嵌一串珍珠，称做"贝利珠"。

无论是日偏食、日全食或日环食，时间都是很短的。在地球上能够看到日食的地区也很有限，这是因为月球比较小，它的本影也比较小而短，因而本影在地球上扫过的范围不广，时间不长，由于月球本影的平均长度（373293千米）小于月球与地球之间的平均距离（384400千米），就整个地球而言，日环食发生的次数多于日全食。

113

## 日食食相 〉

日全食发生时，根据月球圆面同太阳圆面的位置关系，可分成五种食象：

1.初亏。月球比太阳的视运动走得快。日食时月球追上太阳。月球东边缘刚刚同太阳西边缘相"接触"时叫做初亏，是第一次"外切"，是日食的开始。

2.食既。初亏后大约一小时，月球的东边缘和太阳的东边缘相"内切"的时刻叫做食既，是日全食(或日环食)的开始，对日全食来说这时月球把整个太阳都遮住了，对日环食来说这时太阳开始形成一个环；日食过程中，月亮阴影与太阳圆面第一次内切时二者之间的位置关系，也指发生这种位置关系的时刻。

食既发生在初亏之后。从初亏开始，月亮继续往东运行，太阳圆面被月亮遮掩的部分逐渐增大，阳光的强度与热度显著下降。当月面的东边缘与日面的东边缘相内切时，称为食既。天空方向与地图东西方向相反。

3.食甚。是太阳被食最深的时刻，月球中心移到同太阳中心最近；日偏食过程中，太阳被月亮遮盖最多时，两者之间的位置关系；日全食与日环食过程中，太阳被月亮全部遮盖而两个中心距离最近时，两者之间的位置关系。也指发生上述位置关系的时刻。

4.生光。月球西边缘和太阳西边缘相"内切"的时刻叫生光，是日全食的结束；从食既到生光一般只有两三分钟，最长不超过7分半钟。

日食，食甚后，月亮相对日面继续往东移动。

5.复圆。生光后大约一小时，月球西边缘和太阳东边缘相"接触"时叫做复圆，从这时起月球完全"脱离"太阳，日食结束。

日全食与日环食都有上述5个过程，而日偏食只有初亏、食甚、复圆3个过程，没有食既、生光。

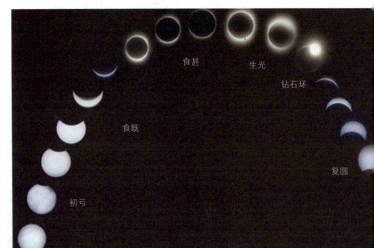

## 观测日食的意义和价值 ＞

日全食之所以受重视，更主要的原因是它的天文观测价值巨大。科学史上有许多重大的天文学和物理学发现是利用日全食的机会做出的，而且只有通过这种机会才行。最著名的例子是1919年的一次日全食，证实了爱因斯坦广义相对论的正确性。爱因斯坦1915年发表了在当时看来是极其难懂、也极其难以置信的广义相对论，这种理论预言光线在巨大的引力场中会拐弯。人类能接触到的最强的引力场就是太阳，可是太阳本身发出很强的光，远处的微弱星光在经过太阳附近时是不是拐弯了，根本看不出来。但如果发生日全食，挡住太阳光，就可以测量出来光线拐没拐弯、拐了多大的弯。机会在1919年出现了，但日全食带在南大西洋上，很遥远，也很艰苦。英国天文学家爱丁顿带着一支热情和好奇心极强的观测队出发了。观测结果与爱因斯坦事先计算的结果十分吻合，从此相对论得到世人的承认。

日全食之类的天文现象与人们的日常生活确实是没有什么直接关系，但是它代表了一种终极的人文关怀，代表了一种对大自然的极度热爱，代表了对支配万事万物的自然规律的一种永恒的好奇和敬畏，一个国家、一个民族，不能缺少这些关怀、这些热爱、这些好奇和这些敬畏。

## 目视观测日食的几种方法 >

所谓的目视观测就是用肉眼直接观测或用肉眼通过仪器对日全食进行观测。必须要注意的是，观测者不能直接用肉眼观测太阳。强烈的太阳光不但使你无法观测，严重的会烧伤你的眼睛，甚至因此而失明。下面介绍几种目视减光装置观测方法：

1.戴上一付足够深色的墨镜。（最平常也是最好用的可以买一副电焊墨镜片）

2.找一块透明玻璃，放在煤油灯上把它熏黑到一定程度。当日食发生时可以隔着这块熏黑了的玻璃观测太阳，熏黑了的玻璃可以防止太阳光对眼睛的伤害。

3.用一张或几张废照相底片，把它们重叠起来，日食发生的时候隔着这些底片看太阳，此种方法可根据太阳光的强弱随时增减底片层数，还可以装在自制的眼镜框上，使用起来很方便。

4.日食发生前，取一盆清水倒入适量墨汁，形成比较暗的水盘，待静置平稳后通过它看太阳的倒影，这是一种最简单易行的观测方法，无论太阳怎样变化，都不会造成眼睛的伤害。缺点是不能直接观测到太阳，无法直接领会日全食的魅力。

5.条件许可者，可以利用小型望远镜

## 日环食 〉

日环食是日食的一种。发生时太阳的中心部分黑暗，边缘仍然明亮，形成光环。这是因为月球在太阳和地球之间，但是距离地球较远，不能完全遮住太阳而形成的。发生日环食时，物体的投影有时会交错重叠。

日环食的本质实际上是因为月球离地球较远，月球的本影不能到达地面而它的延长线经过了地面，位于月影的本影延长线区域(伪影区)的人们就能看到日环食。如果月球离地球较近，月影本影能到达地面，则本影下的人们看到的是日全食。

看太阳的投影像，投影板安装在目镜一端，根据具体的情况调好目镜焦距，使投影板上出现清晰的太阳像，日食发生的时候就可以在投影板上观测日食的全过程，可以方便地观测到整个过程，就像是放电影一样。

同时需要注意的是，日全食时太阳本体全部被遮，平时阳光刺眼的太阳只剩下太阳的高层大气——日冕，到了这时候，太阳光线柔和，对眼睛不会产生任何的伤害，可以放心大胆地直接用肉眼去看了。但是需要注意的是：要时刻注意太阳的变化，一旦到了偏食，太阳光会突然变得强烈，这时候为了保护眼睛，就需要立刻戴上防光设备，这一点是日全食爱好者们观测太阳时务必注意的。

日环食过程分为初亏、偏食、环食始、食甚、环食终、偏食、复圆。

从天文观测角度看，日环食可观测的现象比日全食要少很多，因为太阳光还没有被完全遮蔽，色球、日冕、贝利珠等很多现象都很难观测到，但在环食阶段，尤其是在食甚的时候，太阳的中心部分黑暗，边缘仍然明亮，变成了一个金光闪烁的圆环，这一景象同样令人深感视觉震撼。

### 日偏食 〉

　　当月球运行到地球与太阳之间，地球运行到月球的半影区时，地球有一部分被月球阴影外侧的半影覆盖的地区，在此地区所见到的太阳有一部分会被月球挡住，此种天文现象就叫日偏食。

　　日偏食是最常见的日食现象，因为不论是日全食还是日环食，或者是更复杂的日食，在全（环）食带以外的绝大部分地区以及日全（环）食带内从初亏后到复圆前的绝大部分时间，所见到的都是日偏食，而更多的日食也只是月影本影或其延长线并不经过地面，只是月影外侧的半影经过地面，那么在地面上就只有日偏食了。

泰勒斯

## 历史上最著名的日食

在古希腊历史学家希罗多德的著作《希波战争史》中记载着这样一个故事，故事大概发生在公元前 585 年 5 月 28 日。

书中记载说，当时米底王国与吕底亚王国为领土争端问题进行了持续 5 年的激烈战争，最终搞得生灵涂炭、民不聊生。在爱琴海东岸米利都的著名学者泰勒斯预知了当日的日全食后，打算利用当时人们对日食的恐惧心理来消除战祸，于是，他向交战两国宣布："上天对这场战争十分厌恶，将用遮盖太阳的办法来向你们示警，若你们再不休战，

将有大难临头。"那时普通人对日食的成因都不甚了解，更不用说相信日食的预报了，所以双方都不理会泰勒斯的警告，直到交战时真的发生了日食，他们才对泰勒斯心悦诚服，从此结束了战争。

关于这次日食，有人认为，泰勒斯真的做出了精确的预报，于是进一步认为：古希腊科学诞生于公元前 585 年 5 月 28 日，或者干脆说人类科学诞生于公元前 585 年 5 月 28 日。不管是不是真的如此，从这种说法至少可看出，对日、月食的认识和成功预报是人类历史上多么重大的事件！

## 幻日现象 〉

幻日是大气的一种光学现象。在天空出现的半透明薄云里面，有许多飘浮在空中的六角形柱状的冰晶体，偶尔它们会整整齐齐地垂直排列在空中。当太阳光射在这一根根六角形冰柱上，就会发生非常规律的折射现象，仿佛天空呈现出若干个太阳。

关于幻日，我国早有记载，《淮南子》上说："尧时十日并出，草木皆枯，尧命后羿仰射十日其九。"幻日不是神话，也不是一种不祥之兆，而是一种自然界的光学现象。原来，在地球上的天空被浓厚的大气包围，其中也有水蒸气和小冰晶。它们在一定的条件下，可变成非常小的柱状或片状的雨滴或水汽，从高空徐徐下降，因受日（月）光的照射而产生折射。因日光是由七种色光组成，而不同色光的折射率不同（红光的波长最长，折射率最小，紫光的波长最短，折射率最大，这种折射率随波长变化的现象叫色散），被柱状或

汽状的雨滴或冰片折射后，偏转的角度也不同，这样形成的内红外紫的彩色光环，叫晕。由于水滴的形状、大小不同便产生两种不同的晕，其中汽状水滴所形成的是光较强的内晕，最小偏向角约为22°；而穿过汽状水滴所形成的是半径较大的彩色光环，这就是外晕，其最小偏向角约为46°。只有在满足最小偏向角的条件下观察，才能形成晕。

在冬天，当高空的水滴凝结成细小的六角形冰柱时，如果太阳光从侧面进入冰柱，而且能满足最小偏向角的条件，在内、外晕之间，靠近太阳两旁，与当地太阳同一高度的地方就容易出现"幻日"。出现幻日的多少、暗明、大小随着高空小冰柱的分布情况而异。

> **后羿射日**

《淮南子》中记载了一则美丽的神话故事：传说在尧的时代，天上忽然出现了十个太阳，争辉斗焰，草木庄稼全烤焦了，百姓生命危在旦夕。这时尧命令一位善射的英雄羿（也叫后羿）仰射十日。原来，这些太阳都是三足的金乌，羿射中了九只，它们坠羽翼而身亡，所以才天下太平，百姓安康。神话故事中所描述的十个太阳的场景极有可能对应的就是"幻日"这一大气现象。

# 太阳辐射

太阳辐射是指太阳向宇宙空间发射的电磁波和粒子流。地球所接受到的太阳辐射能量仅为太阳向宇宙空间放射的总辐射能量的二十亿分之一,却是地球大气运动的主要能量源泉。

到达地球大气上界的太阳辐射能量称为天文太阳辐射量。在地球位于日地平均距离处时,地球大气上界垂直于太阳光线的单位面积在单位时间内所受到的太阳辐射的全谱总能量,称为太阳常数。太阳常数的常用单位为瓦/平方米。因观测方法和技术不同,得到的太阳常数值不同。世界气象组织1981年公布的太阳常数值是1368瓦/平方米。地球大气上界的太阳辐射光谱的99%以上在波长 0.15—4.0微米之间。大约50%的太阳

太阳风　γ射线　X射线　紫外线　可见光　红外线　无线电波　到达大气层的太阳能——1

为大气层所吸收

风

降水

蒸发

江河湖泽

水流回大海

植物覆盖很多的陆地地面

辐射能量在可见光谱（波长0.4—0.76微米），7%在紫外光谱区（波长小于0.4微米），43%在红外光谱区（波长大于0.76微米），最大能量在波长0.475微米处。由于太阳辐射波长较地面和大气辐射波长（约3—120微米）小得多，所以通常又称太阳辐射为短波辐射，称地面和大气辐射为长波辐射。太阳活动和日地距离的变化等会引起地球大气上界太阳辐射能量的变化。

温暖大气、陆地和水所用的能——47%

光合作用所用的能——0.0002%

水流动所用的能——23%

大气流动所用的能——0.002%

蒸发

太阳辐射通过大气，一部分到达地面，称为直接太阳辐射；另一部分为大气的分子、大气中的微尘、水汽等吸收、散射和反射。被散射的太阳辐射一部分返回宇宙空间，另一部分到达地面，到达地面的这部分称为散射太阳辐射。到达地面的散射太阳辐射和直接太阳辐射之和称为总辐射。太阳辐射通过大气后，其强度和光谱能量分布都发生变化。到达地面的太阳辐射能量比大气上界小得多，在太阳光谱上能量分布在紫外光谱区几乎绝迹，在可见光谱区减少40%，而在红外光谱区增至60%。

在地球大气上界，北半球夏至时，日辐射总量最大，从极地到赤道分布比较均匀；冬至时，北半球日辐射总最小，极圈内为零，南北差异最大。南半球情况相反。春分和秋分时，日辐射总量的分布与纬度的余弦成正比。南、北回归线之间的地区，一年内日辐射总量有两次最大，年变化小。纬度愈高，日辐射总量变化愈大。

到达地表的全球年辐射总量的分布基本上成带状，只有在低纬度地区受到破坏。在赤道地区，由于多云，年辐射总量并不最高。在南北半球的副热带高压带，特别是在大陆荒漠地区，年辐射总量较大，最大值在非洲东北部。

123

## 地面辐射 〉

地球表面在吸收太阳辐射的同时，又将其中的大部分能量以辐射的方式传送给大气。地表面这种以其本身的热量日夜不停地向外放射辐射的方式，称为地面辐射。

地面的辐射能力，主要取决于地面本身的温度。由于辐射能力随辐射体温度的增高而增强，所以，白天，地面温度较高，地面辐射较强；夜间，地面温度较低，地面辐射较弱。

地面的辐射是长波辐射，除部分透过大气奔向宇宙外，大部分被大气中水汽和二氧化碳吸收，其中水汽对长波辐射的吸收更为显著。因此，大气，尤其是对流层中的大气，主要靠吸收地面辐射而增热。

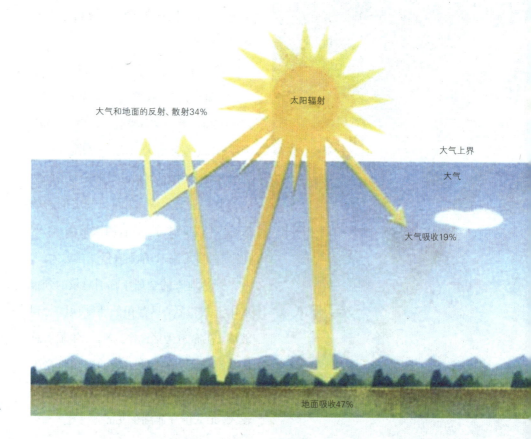

大气和地面的反射、散射34%

太阳辐射

大气上界

大气

大气吸收19%

地面吸收47%

## 太阳辐射对地球的作用 〉

到达地球上的太阳辐射能量只有太阳总辐射能量很小的一部分，但它的作用却是相当大的。

其一，对地理环境的影响。直接的作用如岩石受到温度的变化影响而产生风化。间接作用，地球上的大气、水、生物是地理环境要素，它们本身的发展变化以及各要素之间的相互联系，大部分是在太阳的驱动过程中完成的。地球表面划分为五带。为什么要划分五带呢?因为地球表面各个地方的纬度不同，不同纬度地带获得的太阳热量是不一样的。如热带一年中太阳可以直射，获得的热量最多;寒带太阳高度很低，并且有长时间的极夜，所以获得的热量最少。也就是因为太阳辐射具有纬度差异导致了各地获得的热量也有差异。但是在热量盈余

的地方比如赤道，温度并没有越来越高;热量亏损的地方，比如两极，温度也没有越来越低，而是保持相对稳定。对于整个地表来说，热量应该是平衡的，因而热量多余和热量不足的地方，要发生热输送。

其二，太阳辐射为我们的生产和生活提供能量。人们对太阳辐射作用最直接的感受来自于它是人们生产和生活的主要能源。如植物的生长需要光和热，晾晒衣服需要阳光，工业上大量使用的煤、石油等化石燃料是太阳能转化来的，被称为"储存起来的太阳能"。还有太阳灶、太阳能热水器、太阳能干燥器、太阳房、太阳能发电、太阳能电池等。除直接使用的太阳能外，地球上的水能、风能也来源于太阳。

125

## ● 太阳能

太阳能，一般是指太阳光的辐射能量，在现代一般用做发电。自地球形成生物就主要以太阳提供的热和光生存，而自古人类也懂得以阳光晒干物件，并作为保存食物的方法，如制盐和晒咸鱼等。但在化石燃料减少的情况下，才有意把太阳能进一步发展。太阳能的利用有被动式利用（光热转换）和光电转换两种方式。太阳能发电是一种新兴的可再生能源。广义上的太阳能是地球上许多能量的来源，如风能、化学能、水的势能等等。

人类所需能量的绝大部分直接或间接地来自太阳。各种植物通过光合作用把太阳能转变成化学能在植物体内贮存下来。煤炭、石油、天然气等化石燃料也是由古代埋在地下的动植物经过漫长的地质年代形成的，它们实质上是由古代生物固定下来的太阳能。此外，水能、风能等也都是由太阳能转换来的。

## 太阳能的开发途径 >

光热利用——它的基本原理是将太阳辐射能收集起来，通过与物质的相互作用转换成热能加以利用。目前使用最多的太阳能收集装置，主要有平板型集热器、真空管集热器、陶瓷太阳能集热器和聚焦集热器等4种。通常根据所能达到的温度和用途的不同，而把太阳能光热利用分为低温利用（<200℃）、中温利用（200—800℃）和高温利用（>800℃）。目前低温利用主要有太阳能热水器、太阳能干燥器、太阳能蒸馏器、太阳房、太阳能温室、太阳能空调制冷系统等，中温利用主要有太阳灶、太阳能热发电聚光集热装置等；高温利用主要有高温太阳炉等。

太阳能发电——新能源，未来太阳能的大规模利用是用来发电。利用太阳

能发电的方式有多种。目前已实用的主要有以下两种。其一为"光—热—电"转换。即利用太阳辐射所产生的热能发电。一般是用太阳能集热器将所吸收的热能转换为工质的蒸汽，然后由蒸汽驱动气轮机带动发电机发电。前一过程为光—热转换，后一过程为热—电转换。其二为"光—电"转换。其基本原理是利用光生伏打效应将太阳辐射能直接转换为电能，它的基本装置是太阳能电池。

光化利用——这是一种利用太阳辐射能直接分解水制氢的光—化转换方式，它包括光合作用、光电化学作用、光敏化学作用及光分解反应。植物靠叶绿素把光能转化成化学能，实现自身的生长与繁衍，若能揭示光化转换的奥秘，便可实现人造叶绿素发电。目前，太阳能光化转换正在积极探索、研究中。

光生物利用——通过植物的光合作用来实现将太阳能转换成为生物质的过程。目前主要有速生植物（如薪炭林）、油料作物和巨型海藻。

## 太阳能的优缺点 ＞

### • 优点

（1）普遍：太阳光普照大地，没有地域的限制，无论陆地或海洋，无论高山或岛屿，都处处皆有，太阳能单晶硅可直接开发和利用，且无须开采和运输。

（2）无害：开发利用太阳能不会污染环境，它是最清洁的能源之一，在环境污染越来越严重的今天，这一点是极其宝贵的。

（3）量大：每年到达地球表面上的太阳辐射能约相当于130万亿吨煤，其总量属现今世界上可以开发的最大能源。

（4）长久：根据目前太阳产生的核能速率估算，氢的贮量足够维持上百亿年，而地球的寿命也约为几十亿年，从这个意义上讲，可以说太阳的能量是用之不竭的。

### • 缺点

（1）分散性：到达地球表面的太阳辐射的总量尽管很大，但是能流密度很低。平均说来，北回归线附近，夏季在天气较为晴朗的情况下，正午时太阳辐射的辐照度最大，在垂直于太阳光方向1平方米面积上接收到的太阳能平均有1000瓦左右；若按全年日夜平均，则只有200瓦左右。而在冬季大致只有一半，阴天一般只有1/5左右，这样的能流密度是很低的。因此，在利用太阳能时，想要得到一定的转换功率，往往需要面积相当大的一套收集和转换设备，造价较高。

（2）不稳定性：由于受到昼夜、季节、地理纬度和海拔高度等自然条件的限制以及晴、阴、云、雨等随机因素的影响，所以，到达某一地面的太阳辐照度既是间断的，又是极不稳定的，这给太阳能的大

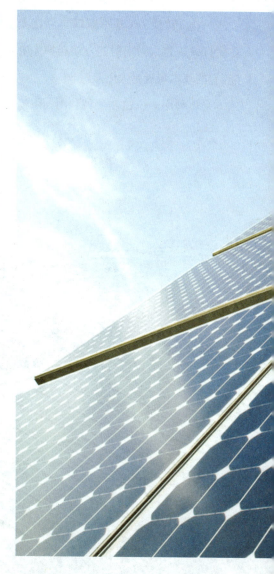

规模应用增加了难度。为了使太阳能成为连续、稳定的能源，从而最终成为能够与常规能源相竞争的替代能源，必须很好地解决蓄能问题，即把晴朗白天的太阳辐射能尽量贮存起来，以供夜间或阴雨天使用，但目前蓄能也是太阳能利用中较为薄弱的环节之一。

（3）效率低和成本高：目前太阳能利用的发展水平，有些方面在理论上是可行的，技术上也是成熟的。但有的太阳能利用装置，因为效率偏低，成本较高，总的来说，经济性还不能与常规能源相竞争。在今后相当长一段时期内，太阳能利用的进一步发展，主要受到经济性的制约。

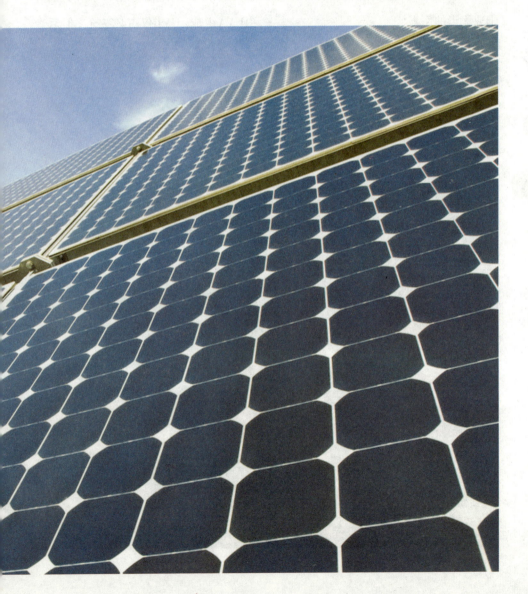

### 防晒中的科学 〉

夏日里，来自阳光的火辣亲吻更加热情洋溢了，其中紫外线的含量也同样与"日"俱增。当这些光线与人体裸露在外的皮肤发生亲密接触时，除了带来所谓的时尚小麦色外，还可能会伴有种种有形或无形的伤害。

根据波长的长短，阳光中的紫外线可分为长波（UVA）、中波（UVB）和短波（UVC）紫外线。阳光穿越大气中的臭氧层时，UVB被大量吸收，UVC被全部吸收，因此在到达地面的紫外线中，大部分由UVA组成，UVB仅占4%左右，但后者

却是危害皮肤健康的大敌。皮肤暴露于UVB中过长时间的话，受急性紫外线辐射效应的影响，会出现红斑，并伴有水肿、水疱、脱皮等症状。暴露次数过于频繁且时间较长，会促进黑色素的分泌，使皮肤产生色素沉着，长此以往甚至有罹患皮肤癌的可能。

而UVA的副作用也不容小觑，通过电子显微镜和组织化学的方法，科学家同样找到了UVA损害皮肤的证据。此前认为，它的光子携带能量较低，但近来发现UVA的穿透能力相当强，作用深度可突破表皮直达真皮层，引起真皮胶原纤维变性，导致皮肤松弛，皱纹形成，是皮肤老化的重要诱因。

有鉴于此，为了避免紫外线的伤害，很多化妆品、护发品及洗涤用品中都开始添加防晒剂的成分。根据防晒的原理，防晒剂可以分成两类。其一多由有机物组成。这类物质有一个奇妙的性质，处于低能量状态时，性质比较稳定，一旦遇到紫外线便会吸收其能量并跃迁到高能量状态。但这种状态并不稳定，多余的能量会以对皮肤无害的形式释放出来，从而恢复到低能量状态。这类防晒剂在和紫外线相互作用时，就这样周而复始

133

地在高、低能量状态下来回转换，从而起到保护作用。对氨基苯甲酸可隔绝UVB，一度被采用，但因发生过敏反应的比例太高，现已被弃用，如今使用最广泛的有机类防晒剂为辛-甲氧肉桂酸，它同样也能隔绝UVB且不易导致过敏。

另一类防晒剂的成分主要是无机物。比如被制成超微粒形式的氧化锌，几乎可以阻隔所有波长的UVA和UVB，此外还有二氧化钛，可完全阻断UVB以及波长较短的UVA。这类防晒剂涂抹在皮肤表面后，如同为皮肤穿上了一面能够反射紫外线的镜子，从而避免其直接接触光线，造成伤害。涂抹这类防晒剂后，会有油腻的不爽感，但由于其性质稳定，适合皮肤比较敏感的人使用。

在防晒类化妆品中，我们常常可以看到一个衡量防晒能力的重要指标——SPF值。这一数值是指暴露于同样剂量的紫外线条件下，未涂抹防晒剂和涂抹防晒剂的皮肤所产生红斑量之比。也就是说，涂抹了SPF值为10的化妆品后，皮肤具备的防晒能力是未防护皮肤的10倍。另外，SPF值仅指防晒化妆品中对UVB的防护能力，并未包括UVA。对于后者，我们还要注意化妆品外包装上是否标有

PFA值，该值专门用于衡量化妆品防护UVA能力的强弱。UVA与UVB不仅同样有损皮肤，二者甚至还有协同作用，因此消费者在选择防晒化妆品时，最好能选择能同时防护UVA和UVB的产品。

那么化妆品的防晒能力是否越强越好呢，其实不然。消费者应根据场合的不同，因地制宜地进行选择。过高的防晒

能力，意味着化妆品中含有大量的紫外线吸收剂和反射剂，这些物质并非多多益善。有时会产生皮肤刺激、过敏等副作用。比如美国就规定最高SPF值为30，日本限定为200。

　　尽管当前使用的防晒剂已经被广泛长期的使用，安全性有相当的保证，但仍有不少体质特殊或皮肤敏感的人在使用时仍存在过敏反应。有些研究报告还指出，某些有机类防晒剂存在雌激素样活性，或有致癌风险。这些看法虽未最终确认，但很多科学家已经开始了新一代防晒剂的研发。模拟皮肤细胞自身防晒功能，基于天然细胞中存在的紫外线吸收成分的新型仿生防晒剂将有可能是一种未来的理想候选者。

图书在版编目（CIP）数据

万物之源——太阳/于怡编著. —北京：现代出
版社，2013.2

ISBN 978-7-5143-1409-0

Ⅰ. ①万… Ⅱ. ① 于… Ⅲ. ①太阳-青年读物②太
阳-少年读物 Ⅳ. ①P182-49

中国版本图书馆CIP数据核字(2013)第025443号

# 万物之源——太阳

| | | |
|---|---|---|
| 编　著 | 于　怡 | |
| 责任编辑 | 李　鹏 | |
| 出版发行 | 现代出版社 | |
| 地　址 | 北京市安定门外安华里504号 | |
| 邮政编码 | 100011 | |
| 电　话 | (010) 64267325 | |
| 传　真 | (010) 64245264 | |
| 电子邮箱 | xiandai@cnpitc.com.cn | |
| 网　址 | www.modernpress.com.cn | |
| 印　刷 | 汇昌印刷（天津）有限公司 | |
| 开　本 | 710×1000　1/16 | |
| 印　张 | 16 | |
| 版　次 | 2013年3月第1版　2021年3月第3次印刷 | |
| 书　号 | ISBN 978-7-5143-1409-0 | |
| 定　价 | 29.8元 | |